Lynn M. Osen

Women in Mathematics

リン・M. オーセン

吉村証子／牛島道子 訳

# 数学史のなかの女性たち

りぶらりあ選書／法政大学出版局

本書をわが息子
フランク・S. オーセンに捧ぐ

Lynn M. Osen
WOMEN IN MATHEMATICS

# 日本語版に寄せて

一九五〇年代の初め頃、私が日本に住んでいた頃は、湘南逗子近くは、美しい海岸が広がり、私は一人で長い間よく散歩をいたしました。冬の間は、静かで人気がなく、ただいるのは海鳥と、時どき海岸にうちあげられる海の小さな宝物ばかりでした。

独りになって、思索し、夢見るためには、このうえない場所でした。この本のための最初の計画が育ちはじめたのもここでした。この本を献呈した私の息子が生まれたのも、この逗子でした。それで、この本の日本語訳が出て、私の多くの友人や、その他の人々に読んでもらえることは、大変この本にふさわしいことで、私個人にとっても、非常に嬉しいことです。ある意味で、この本は、長い旅をつづけてきて、今、ふたたび帰郷しようとする旅人のようなものといえます。

一九七五年十月

カリフォルニア　サンタ・アナにて

リン・M・オーセン

# 数学史のなかの女性たち　目次

# まえがき

『数学史のなかの女性たち』は、数学の思想の発展途上に、女性が残した影響をたどり、彼女たちの生活の輪廓を描き、彼女たちの研究を生んだ社会状況を探求したいという願いから生まれました。偉大な古代文明における数学の起原に筆を起し、二十世紀になってからの数十年までの多くの有名な女性をとりあげます。彼女たちの生涯を形成した社会や関連した問題を理解してはじめて、その数学的業績を、充分よく評価できます。

女性とその歴史上の役割への関心が高まるにつけ、とくに重要なのは、数学上に彼女たちが残した立派な遺産を、より広く知らせることで、この本も、それを目的としました。政治・経済の分野での、女性の重要な注目すべき問題については、いろいろ書かれています。しかし、数学や、「かたい科学」における女性には、それほどの注目が向けられていません。女性が、こういう分野でも、もっとも偉大で不朽の知的成果の多くに参加してきたという観念を補強するのに、この本が、いくらかでも、役立てばよいと願っています。

現代の文明社会でも、多くの女性は、数学的無知は、社会的美徳でもあるかのように思っています。そして、数学を、一連の無意味な技術的処理と考えます。哲学的思想の方向を決定するのに、数学が果した役割を、彼女たちは正当に評価しないで、数学の与える（他のどの知識から得られるものとも同じくらいの）強い満足感や美的価値を無視しています。けれども、もし、私たちが、今日の諸問題を解決し、よりよい世界の建設に参加しようとするなら、どんな時代でよりも、数学を正しく評価することが、まず必要です。

この本は、「数学の中の女性」を、より正しく展望しようとするふつうの読者を対象にしています。中の数学的記述は、伝記と歴史と数学的内容を総合しようとして増加しましたが、一般的な方針として、各主題の女性と、その業績を、歴史的展望の中の正しい位置に据えるのに役立つ数学だけをとり入れることにしました。この伝記を読むのに、厳密な数学への関心を持つ必要はありません。しかし、数学を志す読者にも、この本の数学的側面は、役に立ち、おもしろいでしょう。

わずか一冊の本では、優れた女性数学者たちの生活を簡単に概観し、彼女たちの影響を、ごく表面的にたどることしかできません。彼女たちの興味深く重要な個性を現わすのに、こんな要約は、まったく釣り合わないものです。けれども、ただ、名前の目録より少しはましなものを作ろうと試みたので、この短い伝記によって、読者の興味がそそられるよう希望しています。

時には、主人公の身体的描写を挿入しました。男性の学者は、こういう文学的扱いにさらされることは、ほとんどないことはよく知っているのですが。このやり方が気に入らない方々のため特におことわりしておくのですが、女性の身体的特徴は、しばしば、その生涯の運命を決定することは、心にとめておくべきです。この本で、美しい（または美しくない）とか、衣服や、態度などの特徴をいう場合、主人公の一生の進路に、よいにつけ悪いにつけ、それらが影響を及ぼしたわけなので、彼女の生活のこういう面もすべて書こうとする試みは、正当なのです。この修辞的な記述法を用いたのは、失礼なことでも、理解の不足でもありません。

この本に対して、親切な助言や援助をいただいた次の多くの方々に心からの謝意を表わしたいと思います。

アーヴィンのカリフォルニア大学のシルヴィア・レンホフの支援と激励に、同大学エドワード・ソープ博士に原稿を読んで下さった厚意に、マーガレット・カーン、ヘレン・ライスター、その他の同大学図書館の参考図書部門職員に対し、またそのおば上についての章を読み、その生涯について役立つ詳細なことを教えて下さったコネクティカット大学統計学部長ゴットフリート・ネター博士に対して。

また、この本の価値を高める写真や肖像画の使用を許して下さった次の施設や個人の方に感謝します。

スコットランド国立美術館をはじめ、スコットランド国立現代肖像画館、スクリプタ・マテマティカ、ニューヨーク・ベトマン古文書館、ストックホルム大学のダーグノルベルイ。

以下の著書から多くの資料を得たおかげで、この本ができたことを、次の数学史家の方々に感謝します。

モザン　二十世紀初期に出版された「科学における女性」（*Woman in Science*）は、有益な参考になる著書です。

エドナ・クレイマー　彼の学術的な歴史書は、いつも女性に好意的で、その近著「数学の本性と歴史」（*The Nature and Growth of Mathematics*）は、今世紀の女性たちについて詳細に記述してあります。

ジュリアン・L・クーリッジ「スクリプタ・マテマティカ」（*Scripta Mathematica*）の中の、彼の論説（一九五一年）が、この題材への私の関心を呼び起こしました。

リン・M・オーセン

# 数学史のなかの女性たち

# 序文

昔から歴史に数学者——男女を問わず——が登場することは、めったにない。アルフレッド・アドラーが、最近のニューヨーカー誌（Adler 一九七二年、四二頁）で述べているように、数学者は昔から手に入れることのできる唯一の報酬は「研究や教育での成功である」ことを理解していた。その点を強調するため、アドラーは読者に次の人々、ガウス、コーシー、オイラー、ヒルベルト、リーマンのうち、二名以上知っているかどうかと、たずねている。かれらは偉大さの点でトルストイ、ベートーヴェン、レンブラント、ダーウィン、フロイトにも匹敵する数学者だと指摘している。

アドラーの指摘は、もっともである。偉大な数学者のうちごくわずかな者は、その業績にふさわしい熱烈な賞讃を浴び、もてはやされた。しかし、多くは忘れ去られ、世に埋もれたままで消え去った。一方、同じ位の水準の者でも数学より知的に少し低い分野においては、華々しい名声を得てきた。

数学における女性の役割を調べることにより、アドラーの論点を女性に拡大することは興味深い。

もし男性が数学の分野では、ほとんど認められなかったとすると、女性はなおさらである。ヒュパチア(ハイペイシア)、アグネシ、シャトレ侯夫人、ソフィー・ジェルマン、ソーニャ・コワレフスカヤの名を知り、業績を認めている人が何人いるだろうか。同じ数学者の中にも余りいないだろう。ソーニャ・コワレフスカヤについては、「数学史上、類い稀なる研究者の一人といわれるだろう」と、ドイツの数学者クロネッケルが言った(Mozans 一九一三年 一六四頁)。ところが、それはまったくあたらなかった。数学史でもしソーニャについて言うとしても、数学界の他の女性の扱いと同様に、彼女とその業績を、何かのついでという風に述べるだけである。

事実、現代の女性たちは、数学史上ではすばらしい大きな遺産を受けついでいる。伝統的に数学の周辺には、エリート主義があるにもかかわらず、多くの輝かしい女性の群が、数学の発展には重要な、創造的な貢献を果してきた。これらの業績は、歴史的に重視するに十分価値があるものだ。ところが、これらの女性の多くは、歴史の本にとりあげられるとしても、もっと世俗的活動のためで、とくに有名な男性の生涯に関連して興味ある場合が多い。

男女の数学者の優劣について論ずるのはつまらないことで無意義のことである。なぜなら個々の業績を格付け、比較する的確な手段はないからである。数学者を男女いずれにせよ、重要性にしたがって順序をつけるとか、等級をつけようとするのは、まったく根拠のない信ずるに足らぬ結果を招くだけである。ニュートン、ガウス、アルキメデスを第一級の名とすることには、一般に異論はないだろう。それ以外となると、順序はあやしくなる。一つの理由は、時代・文化の異なる人々の比較は、必ずしも妥当な結論を引き出すとは限らない。個々の数学者は、彼または彼女の、時代の文化に捉えられているようなもので、その影響下にある。また、かれらをその時代の状況だけで判定するのも公正でない。なぜなら、ある時代につまらないと思われた発見や発明が、後の発展の光にあてられて、新しい輝きを現わすことがある。

これらや、その他の障害のため、数学者の重要性を評価し、等級づける適当な手段はない。しかしそのような客観的尺度はないにしても、学問にまじめに関心をもっている人は、だれでも、女性が数学の進歩に大変重要な刺激を与えてきたことに気づく。同時にこれらの女性の名は、同列の男性の名よりも、もっと世に知られていないことを認めるだろう。数学は様々な分野をもつが、男性の領分だという神話が根強く広く行きわたっている。前に述べた現象は、疑いなく、この神話を永続させる役割を果してきた。

現代の数学史家が、次のように言ったが、その通りだ。「数学の発展を理解するためには、数学を築きあげた男性たちの人間像を知らなければならない」(Kramer 一九五五年 五頁)。それなら、数学を築くのを助けた女性たちの人間像も、やはり知らなければならないということになる。数学者になるためには、女性は男性と同様、大変な知的労苦を払ったが、その上に、男性の「領分」で働く女性への偏見に対抗するため、余分のエネルギーと忍耐を必要とした。世間は、不当にも、これら女性に、鋭い、さけられない非難の刃をつきつけた。もっとも頑強な女性のみが、その時代の偏狭さを無視し、その時代の粗野な野次に超越することができた。

ガウスはフランスの偉大な数学者、ソフィー・ジェルマンに対し、この偏見について、思いやりある手紙を書いた。ガウスによると、「しかし、女性が、このむずかしい学問に習熟するためには、世間の慣習や偏見のため、男性よりもはるかに多くの困難に対処しなければならないのですが、それにもかかわらず、その一人が、これらの障害を克服し、もっとも暗い所をも突き進むことに成功するとしたら、疑いなく、もっとも崇高な勇気と、まったく並ならぬ能力と、優れた天分を有しているに違いありません」と(Bell 一九三七年 二六二頁)。

「もっとも崇高な勇気と、並ならぬ能力と、優れた天分」を持つ女性たちの生涯は、詳細に研究するに価するものである。彼女たちの業績も、数学史上主要な、興味深い部分を形成するが、それだけでなく、彼女たちのすばらしい生涯も、われわれの興味をひくものである。

これらの女性たちは、ほとんど、すばらしい生涯を過ごした。その豊かな個性と生き方は、それぞれ特有な性格を反映し、奔放な者から、純真な者、でたらめな者から、敬虔な者と、いろいろである。快楽主義者も、禁慾主義者もいる。ピタゴラス派も、陽気者もいる。その時代の規範(指導原理)に自分の才能を適応させようと努める伝統主義者もあれば、いっぽう、基準にしたがうことを、あくまでも拒否する者もいる。彼女たちの生涯は、誰一人として単調ではない。あるものは、まったく、並外れた生涯を送り、ロマンチックな小説にしたて上げられた。それぞれ学識よりもむしろ、その生涯の、より華々しい面でもっと有名になった。そうであっても、その学問的業績も、能力、意図、不屈の精神、熱意において、何物にも劣らなかった。

ガウスは、数学を「科学の女王」(Bell 一九五一年)と名づけ、続けて「彼女(数学)は、親切にも、天文学などの自然科学にしばしば奉仕する。しかし、どんな場合でも、最高の地位は、彼女自身が占める」と述べた。数学が、科学の他分野に果たす役割は、ガウスのいう通りで大げさではない。事実、彼の言葉は、彼の生きた時代でより、今日での方が、より適切になった。したがって、数学上の女性の仕事を、教師、著述家、研究者としての貢献に限ることはむずかしい。なぜなら、ほかに多くの者がその数学的技能を、他分野で役立たせているからである。

この本で、「数学」という言葉は、以上のような、より一般的な意味で使った。すなわち、数・量・形・空間・順列その他、純粋数学と応用数学の研究に関連あると思える概念についての論理的学問を指す。この意味では、数学を応用する他の分野、とくに天文学・物理学において、創造的な研究者として仕事をした、数学の「実務家」についての章を入れたいという誘惑は強かった。天文学・物理学の分野は、伝統的に女性の研究者を、強くひきつけてきた。それらの女性をとりあげないのは、不公平である。しかし、これらの学問でぬきんでた人々の完全なリストを作ることは、この本の領分ではない。しかし、当時入手できる数学の原理を、充分理解していなかったら、これらの女性の努力も、効果を上げなかっただろうことは、認める必要がある。

ある女性が、天文学者か数学者か、厳密に区別できない場合もある。マリア・クニッツ（シレジア人）は、一六三〇年に、ケプラーの惑星表を単純化して有名になったが、優れた数学者で、彼女の研究のおかげで、今まで必要だった面倒な天文学上の計算の労力を軽減できた。

フランス人のジャンヌ・デュメも、同世紀に、天文学の研究をしていたが、その数学的技能を使い、コペルニクスの理論について、広範囲の論文を書いた。ついでにいうと、一般に女性の領域とされていないテーマを論じることについて、彼女は、苦心して弁明した。しかし、彼女の言葉によると「女性がもし努力しようとすれば、研究ができないわけはない。なぜなら、女性の脳と男性の脳とには、何も違いはないのだから。」ということを、彼女は証明しようと試みたのだった（Mozans 一九一三年 一七一頁）。

サブリエール夫人（ジャンヌ・デュメと同時代）も、また、天文学の研究で大変有名だが、元来は、ジル・ペルソン・ド・ロバーヴァル（幾何学者で物理学者）について、数学を学び、学者としての基礎を作った。モリエールやボアロー・デプレオーなどの作家により、学問をする女性に当時浴びせられた耐えがたいような嘲笑に彼女は耐えた。ボアローは、『女性に逆って』（一六九四年 諷刺詩集十）の中で、彼女を不当にも攻撃した。この諷刺家によると、サブリエール夫人は、毎晩のように惑星を眺め暮し、この使命のおかげで、顔色と視力を台なしにしたと。不幸にも、彼女は、もっとまじめな業績のためよりも、むしろこのような非難の矢のまととなって、大変有名になった。

ライプニッツの友人のマリア・キルヒもいる。ある人々は（たとえば Mozans 一九一三年 一七三頁）彼女は、数学の計算力のおかげで、彗星を発見できたと主張している（ふつう、キャロライン・ハーシェルが、彗星を発見した最初の女性としての栄誉を与えられている。キルヒの名の彗星がないことは、注目に価する）。

他にも、数学の「実務家」がたくさんいる。ピエーリ夫人は、一七〇〇年代に、天文表を著わし、また、パリで、天文学の教授となった最初の女性である。ルフランシェ・ド・ラランド夫人は、海上で、太陽と星の高度から時刻を知る有用な方法を考案した。ルイーズ公夫人ホーテンス・ルポート夫人は、フランス科学アカデミー会員で、アレキシス・クレローと共に、木星と土星が、ハレー彗星に及ぼす引力の値を決定した。当時は、大変複雑な問題だった（ついでにいうと、ふつうクレローだけが、この業績に対して名誉を得ている）。

アメリカの女性も、この分野で活躍してきた。マリア・ミッチェル（一八一八年ナンタケット生まれ）は、数学の才能があり、数学を好んだので、天文学の道へ進んだ。アメリカ科学アカデミーの名誉会員になった最初の女性である。サンフランシスコのドロシー・クランケは、土星の環について、ソーニャ・コワレフスカヤが始めた研究を完成し、フランス天文学会の会員に選ばれた最初の女性である。

今世紀初期、ヘンリエッタ・リーヴィットがいた。彼女の周期・光度律は、恒星の距離を決定する問題を解く重要なかぎだと考えられた。リーヴィット夫人が作成した周期－光度曲線を使い、科学者は、はるかに遠い恒星の距離を測ることができた。ベッセルの用いた従来の視差法では、到底不可能なことだった。

これらの女性すべての研究のおかげで、宇宙の知識は、拡大された。その生涯を詳しく調べることは、価値あることだが、彼女たちは「数学者」とはいえないだろう。それで、残念だが、この本では、彼女たちの仕事を、より詳しく述べることは止めることにした。

また二十世紀の現在の多くの数学者は入れようとしなかった。現在の研究は、数学全体の成長の中で、まだ未完の部分である。女性数学者の問題を公正に扱おうとする者は、彼女たちの仕事を、共感と理解をもってふり返るよう、もっと先になって、歴史的に遠くから眺めることが必要である。すばらしい業績をうちたて、ここで支えてやる必要がないような多くの現代の女性数学者を、決して無視するつもりはない。将来の歴史の本でこそ、彼女たちの努力が、もっと完全に認められることを期待する。

# 歴　史

文字のない有史以前の過去のことは、よく分らないが、私たちの先祖が、数の概念を発展させ始めた頃、原始女性は、男性に、少なくとも、ついて行ける速さで進んでいったと考えてよいだろう。学者たちのいうように、この発展には、数えきれないほどの長い年月を要したとすると、男女が共通の言語を使い、共通の経験的知識を持っていることから考えても、男女が異なる速度で発展したとは、とうてい考えられない。女性が、数学への知的参加権を失ったのは、数学の、より抽象的な面が、数学の中に含まれている力をとく手掛りを、与えるようになってからである。

有史以前のことは、神話や伝説や寓話が混ってしまい、明らかでない。また、そのために、古代の女性の知的発展についての私たちの観念も、ゆがめられている。しかし、ブリフォー、メーソン、ピーク、ケラーなどのような人類学者は、原始女性は、かなり高度な創造的知性をもち、原始男性と、まったく同じくらいに、活動的で力強かったと考えている。

数学および、しだいに発達する、数と形についての私たちの認識の起原は、人間の他の分野の起原と同様、よく分らない。歴史家は、紀元前二五〇〇年より前の、数世紀間の数学の発展について、推測できるだけである。石器時代末期までには、いくつかの「数の大系」があったらしい。紀元前三〇〇〇年頃までには、かなり大きな石造りの建物が造られ、帆船が、小さな海を横断しはじめた。こういう活動には、かなり複雑な数学の知識を必要とする。しかし、この知識が、どのようにして発展したかを示す証拠は、ほとんどない。

この頃、数学が、主要な、必要な役割を果した文明が、今のイラクに、つまり、チグリス、ユーフラテス両河流域に発達しはじめた。この地域で、考古学者たちが発掘した楔形文字のついた粘土板や、古い暦の断片から推察すると、恐らく紀元前、約四七〇〇年に、ここに住んだバビロニア人の数学は、大変優れていた。

エジプト人もまた、紀元前四二四一年に早くも暦を持っていたし、アーメス・パピルス（紀元前一六五〇年頃のエジプトの数学の本）をみると、この文明が考案した一種の遊びがあったことがうかがわれる。数学を使ったゲームが、家族の娯楽の一種であったことを示す品物があり、この文明の中で、芽生え始めた数学を知る何らかの機会を、女性も、持っていたことを示している。

この数千年の間に、数学が、しだいに発展してきた詳しい資料は、欠けていて、女性が数学の研究に参加したと、断言はできない。バビロニアの法律の下では、とくにハムラビ法典では、女性は財政的支持を得るいくつかの権利を持っていて、事業を営んだり、財産を所有することができたことが、分っている。女性は、裁判官、長老、公文書の証人や、秘書になれた。宗教上活動した特別な女性の集団があり、この人たちについては、ハムラビ法典に、たびたび書いてあるが、このことは、少なくとも、ある女性たちは、バビロニア社会で、公的な役割を果すことが許されたことを示している。

エジプトでも、やはり、女性が財産を所有し、相続することができた。また、商売をすることもできた。エジプトの女性の多くは、読み書きを習わず、政治に参加することを許されなかったが、幾人かの女性は、支配者となることができた。有名な例は、紀元前二〇〇〇年頃、第六王朝のニトクリス女王、第十八王朝のハトシェプスト女王、第十九王朝のタウォスレット女王である。テーベでは、タナイト王の娘たちは、「アモンの神の妻」に任命され、これら支配者たちは、大きな権力をふるった。一般大衆の中では、女性の役割は、従属的とみられていたのにかかわらず、そういう女性たちは、当時、手に入る知識のほとんどに接する機会をもっていただろう。

古代文明の中で、学問の発展のために、女性の果した役割が、どの程度のものであったかについては、このような細かいことを調べることによって、はじめて推測できる。この時代に、数学に秀でた女性がいたとは、まったく何も伝わっていない。中国とインドのような、他の古代大文明についても、同じである。私たちは、これら古代文明における女性の地位についての知識から、一般化して、数学体系の発展途上で、女性の果した役割を、推定できるだけである。なぜなら、数人の女性学者の名が、歴史上に浮びはじめるのは、古代ギリシャのヘレニズム時代が到来してからのことで、それまでは分らない。

よく知られているように、数学の神秘性と威力は、早くから聖職者の支配下におかれ、数の神秘的特質が、貴重な宗教的解釈として利用され、強調され始めた。たとえば、シリウス星の軌道をたどることによって、司祭たちは、ナイル河の毎年の洪水を予知できた。このような予知、つまり「呪術」により、司祭たちは、無知の市民たちの上に、はるかに高い地位を占めることができた。疑いなく、このような利用法によって、数学は、エリート意識に囲まれるようになり、その名残りは、現代文明の中でも認められる。

古代ギリシャは、それ以前のバビロニアとエジプトの文明から、累積された知識と観念との遺産をうけついだ。この遺産を、ギリシャ人は、巧みに利用した。彼等は、実用主義者であった。プラトンが述べたことだが、ギリシャ人は、いつも、他人の観念を借りては、改良し、完成し、役立つものにした。

数学においても、この通りであったという証拠がある。というのは、歴史家によると、バビロニアの粘土板では、ピタゴラスの時代より千年も前に、「ピタゴラスの数」を、複雑な方法で扱っていた（訳註　ピタゴラスの定理から出てくる直角三角形の三辺の長さの比。たとえば、直角三角形を作るとき、三辺の比を、3：4：5にするといい）。中国人も、紀元前千年頃、早くもそのような数を使っていた証拠がある。

しかし、これこそ明らかにギリシャ人による数学上の貢献だといえることは、証明、演繹、抽象という一般概念全体である。この概念は、ギリシャ思想から発生した。J・W・N・サリヴァンは、この業績について、こういった。「思考の、この信頼するに足る論証法の発見は、人間の意識の発展途上、もっとも偉大な前進の一歩である」（サリヴァン　一九二五年　一頁）。

バビロニア人の間で使われていた数学公式は、経験により導き出されたもので、主に、測量や商売などの実用的な目的のために、考え出された。厳密に正確でなく、証明も伴なわなかった。

タレス（ピタゴラスの先生）は、幾何学において、直観よりもむしろ証明を主張した史上最初の人として認められている。ピタゴラスは、彼の先生の思想を不滅にした。論理的処理を、ギリシャの伝統として確立したのは、彼の研究と教育であった。

ピタゴラスの研究の中にも、他のものの観念を改良するというギリシャの慣習に従ったものもある。彼は、方々に広く旅行して、オリエント（地中海東方諸国）にもしばらく滞在して、小アジアで生まれた数学概念を学んだ。クロトンで、彼の教派を発展させるに当り、この経験を利用したことは、おおいにありうる。

歴史家にとり、ピタゴラスの生涯について、事実を伝説と分けるのは困難である。なぜなら、生存中でさえ、伝説的人物だったのだから。彼は、紀元前五六九年に、サモスで生まれた。しかし、子供の頃のことは、ほとんど分らない。紀元前五三九年頃、彼は（クロトンの三百人の金持の後援者と共に）南イタリアに、ドリア人の「教団の村」を設立した。この教派は、「数学の科学」を創造したといわれる。この教派が、この本にとって、とくに重要であるのは、ピタゴラスが、「フェミニスト（女権拡張論者）の哲学者」として知られていたからである。

当時の「時代精神」も、そのような哲学が出るに適していた。なぜなら、ピタゴラス時代より数世紀前から、ギリシャの女性の知的エネルギーは、目ざましく増進していた。モザン（一九一三年　七頁）は、この現象について、こう言っている。

「ギリシャのかぐわしい谷々、葡萄のおおう平原を、才能ある女性たちのこのような波が、通りすぎていったことは、それ以前にも、以後にも、なかった。否、どこにも、どんな時にも……女性の最高の知性が、これほど完全に花開いたことは、なかった」。

この女性の天才の開花にもかかわらず、ピタゴラスの仲間の多くは、その教派に女性を迎えることに反対した。彼等の教育に対する態度は、頑固でエリート主義で、その教団の算術と幾何学上の発見を、女性にばかりでなく、一般大衆にも、秘密にしようとする傾向があった。ピタゴラスは、それに反し、学問を自由に広めたいと考え、関心ある者には、だれにでも、喜んで教えようとした。彼は、教団に、研究者としても、教師としても、女性を迎えることに好意的だった。結局、優勢になったのは、彼の態度だった。

一つの資料によると、ピタゴラス派といわれる教派に参加した女性は、少なくとも二十八名いた。テアノ（ピタゴラスの美しい妻で、元の弟子）は、そこの教師になった。彼女は、数学、物理、薬学、児童心理学の研究に興味をもち、これらの問題について論文を書いた。彼女の論文の一つは、「ゴールデン・ミーン（中庸）」の原理を含んでいる。この原理はギリシャ思想が、社会哲学の発展に対してなした主要な貢献として名高い。

テアノとピタゴラスとの間の子供たちも、また教団に加入して、少なくとも、娘二人は、この教団で発見した思想体系の普及を助けた。ピタゴラスの死後、テアノと娘二人は、教団本部で、彼の仕事をつづけた。

ピタゴラス派の人々のなした仕事を、いちいち、だれの功績であるかと判断することはむずかしい。成果をあげた業績は何でも、全教団の功績に加えられ、個々人のものとされることは、ほとんどなかった。このような慣例があったので、女性の明確な役割を、正確に判定することは、困難である。しかし、ピタゴラス派が、家族的な集団として始まったことは、よく知られている。多くの現代の著者たちは、教団を指して、「兄弟団」というが、女性は重要な参加者だったし、実体は「姉妹団」とでも言うべきを、一般に通用する語を使ったまでである。事実、ピタゴラス派哲学の本質は、女性が、教団の中心的役割を占めることを要求した。

数学は、ピタゴラス派にとって、多くの形式をとった。「万物は数である」という前提は、教団のいろいろな社会的領域に行きわたっていた。この哲学大系が、音楽・和声学、舞踏、歌、その他の芸術の楽しみの問題を扱うとき、数学の理解が必要であった。女性も、より重大な社会的学問的諸問題に参加する一方、これら美的問題をも共有したので、これらについての数学的哲学をやはりもつ必要があった。

ピタゴラス派哲学の慣習と実践は、男女の教師により、ギリシャの他の地域にも、エジプトにも、広められた。百年以上も、ピタゴラス派の学校は広がり、栄えた。これらの学校は、討論と研究と解釈の中心地となり、時には、闘争の目標になった。たとえば、クロトンのミロ邸が襲われ、約五十名の教団のメンバーが、殺された。しかし、何世紀もの間、ギリシャの社会思想には、ピタゴラス派の教義と観念が、浸透していた。女性は、この活動の中心となって貢献したので、良心的な学者は、だれも、ピタゴラス派を、「兄弟団」というのには、賛成できないだろう。

ピタゴラス派のフェミニスト的活動から派生した影響を、紀元前六世紀から、ヘレニズムの時代と、辿ることは、あまりにも広範囲のことになる。しかし、この派が、プラトン、アリストテレス、ペリクレスなどの、古代の指導者に及ぼした影響についてふれることは、私たちの中心テーマに関連している。

F・M・コーンフォードは、プラトンのアカデミー（学園）は「南イタリアで見た、ピタゴラス教団によりある程度示唆された方針に基づいて」設立されたと書いている（Cornford 一九五二年三一六頁）。プラトンがこの学派に影響された証拠が他にもある。女性に対する彼の態度が、寛容だったことは、社会思想史上意味深い。

プラトンは、女性の知性を高く買っていて女性に、より平等な、責任ある地位を与えようと試みた。彼は、教育は「すべてだれにでも」義務付けられなければならないと考え、著作の中にこう述べた。

「女性は、教育においても、他の面においても、できるだけ、男性と共にすべきだ。なぜなら、考えてもみなさい。女性が男性と生活全般を共にしないなら、彼女たちは、他の種の生活方式をもつにちがいない」（Jowett 一八九二年 八〇五頁）。

プラトンは、男女とも、音楽、体育の訓練を受けなければならないと提案した（ここでいう音楽とは、ピタゴラス派の人々の使う意味で、数学、文学、天文学などを含む）。彼は、『共和国』の中に、「生まれつきの才能は、男女両方に同じように分配されている。……男性の追求する仕事、学問などは、すべてまた女性のものでもある」（Jowett 一八九二年 四五一頁）。

このような態度は、プラトンの学園を、魅力あるものにした。女性は、法律では、公けの会合に出ることを禁じられているにもかかわらず、アテネの彼のアカデミーのしげみに、集まってきた。そこでは、紀元前四世紀の、もっとも重要な数学上の研究がなされた。

プラトンもソクラテスも、ディオタマ、ペリクティオン、アスパシアのような女性を、立派な力量ある教師であると、寛容にも述べている。アスパシアは、イオニアのヒティアラ（遊女）で、様々な点で、つまりプラトンへの影響力だけでなく、ペリクレスとの関係などにより、ギリシャの生んだ女性のうちで、もっとも優れた一人である。彼女は、支配者ペリクレスに、女性にも知的に発達する機会を拒否してはいけないことを、納得させた。彼女の政治的影響力は、当時の女性として、もっとも高い地位の一つを、彼女に確保した。しかし、歴史上名前が出るのは、彼女の教養と才能によるのである。ソクラテスは、彼女を教師の一人とよび、彼の思想や、プラトンが、『共和国』や『法律』に述べた思想にも、大きな影響を与えたといわれている。

プラトンもソクラテスも、社会的価値についての彼等の広範囲の影響力の大きい著書の中で、女性の可能性――ペリクレスの演説の草稿の多くを書いたアスパシアのなしたような――を認めた。しかし、女性についての彼等の意見は、偏見を持っていた同時代の多くの人々と、明白に違っていたことは、注目すべきだ。女性の大部分は、隔離され、ヘレニズム時代の、知的高揚に、参加しなかったという事実を、心にとめておくことは大切である。

# ヒュパチア（ハイペイシア）

Hypatia
(370～415)

キリスト紀元前、プラトンとピタゴラスの学派によって、好ましい社会状況が作り出され、少なくとも何人かの女性は、学問の道に進むことができた。これらの学派は、数学を大変重視し、愛好したので、この伝統はキリスト紀元後も、長くつづいた。

アテナイオス（ギリシャの作家。紀元二百年頃）は、その『学者達の饗宴』（訳註『学者達の饗宴』約七〇〇人の詩人、劇作家、歴史家の作品から引用した一大集成。古代記録として重要）の中で、優れた数学者である幾人かの女性をあげている。しかし、この分野での彼女たちの研究についての詳しいことは、欠けている。数学への関心が普及していたこと、女性は教育をまじめに求めたことから判断して、当時、多数の女性が、一般的な数学を、相当学んでいたようである。

ギリシャの女性の中にも、わずかだが、こういう学問を、割合自由に学ぶことができた者がいた。しかし、ヒティアラ(訳註 古代ギリシャの高級な遊女)という階層の女性が、もっとも目立っていた。彼女らは奴隷で、ふつう支配階級の愛人だった。もっとも、中には、解放された者もいたし、また、生まれた時から自由人だった者もいた。多くは、とくにイオニアとエトリアからきた者は、知力と、機智と、教養とで、ギリシャ精神に、強い印象を残した。彼女たちは、鋭い知性を有し、抽象的な研究を行ない、優秀な学生や、力量ある教師になった者もいる。その後の何世紀もの間に、これらの女性たちによって残された遺産もまた、恵まれた社会状況を作るのを助けたのはたしかで、その中で、ヒュパチアのすばらしい天分が、紀元四世紀末に花開くことができた。

ヒュパチアは、その生涯がかなり詳しく分っている最初の女性数学者だが、伝えられているその生涯は、あまり幸福なものではない。伝説的才能、美しさ、たゆまぬ長い研究生活、数学と天文学におけるすぐれた業績と、大変恵まれていながら、結局、殉教者となった彼女の物語は、古代ギリシャ悲劇と同じような同情を呼びおこす。アスパシアの時代から、ほとんど千年を隔てていながら、多くの点で、ヒュパチアもまたギリシャの実の娘だった。

ヒュパチアは、紀元三七〇年頃生まれ、父のテオンは、アレクサンドリア大学の有名な数学教授だった。後に学長となり、ヒュパチアは、幼少時代、ムゼウム(学士院)とよばれた研究施設によく出入りして過ごしていた。

ヒュパチアの母については、ほとんど分らない。しかし、家庭環境は恵まれたものであったに違いない。つまりテオンは、娘を完全な人間に仕上げようと決心していた。エルバート・ハッバード(一九〇八年　八三頁)は、こう述べた。

「……彼の図表と定理と公式が、優生学上完全な法則を作り上げたのか、または、全くのまぐれ当りか、とにかく、彼が、ほぼ成功したのは事実である」。

幼い時から、ヒュパチアは、学び、疑問を持ち、探求するという風なふんいきにひたっていた。アレクサンドリアは、世界中でもっとも学問の栄えていた場所であった。あらゆる文明諸国から、学者が、知識・思想を交換するために集ってきた国際都市だった。テオンの娘として、ヒュパチアは、この刺戟的で、挑発的なる環境の一要素をなしていた。そのうえ、美術、文学、科学、哲学の完全に正式な教育を受けた。

テオンは、娘のしつけ役で、教師で、友人だった。数学の美と論理への、テオン自身の強い愛情は、感化力の強いものであった。明らかに、彼はヒュパチアの数学面の発達に影響を及ぼしたが、その結果、彼自身の光彩は、おおわれてしまった。

当時、数学は、たとえば、「ある惑星の下に生まれたある魂の軌跡」というような、あいまいな問題の計算に主に使われていた。数学の計算で、このような魂が、未来の何日にどこにいるかを、正確に決定できると考えられていた。天文学と占星術とは、一つの同じ科学と考えられ、数学はこの科学と宗教との間のきずなであった。

ヒュパチアが若い時受けた教育の一部は、こういう学問だった。そのうえ、テオンは、文明社会のその都市に伝えられたあらゆる宗教体系を彼女に教えた。彼は教師として稀にみる才能を有していた。そして、ヒュパチアに、山づみの知識の蓄えを伝えるだけでなく、この蓄えを吸収し、さらに築き上げるに必要な判断力も伝えようと決意していた。この目的のために、彼は彼女が、宗教について判断できるように、とくに気をつけた。融通のきかない信念が、その生活を支配して、新しい真理を拒絶したりしないよう、気を配った。「すべての形式的独断的宗教は、まちがっている。しっかりした人間は、決定的なものとして受け入れてはいけない」。「考えるという権利を守りなさい。まちがって考えるとしても、何も考えないことよりもよいのだから」と、娘に言った（Hubbard　一九〇八年　八二頁）。

テオンは、また、身体の訓練法を定め、ヒュパチアの健全な身体が、驚異的な、機敏な、よく訓練された精神に、調和できることを望んだ。彼は、一連の柔軟体操を考案し、彼女は規則正しくそれを行なった。彼女は、舟のこぎ方、水泳、乗馬、登山を習い、毎日こういう運動のため時間をさいた。

ローマ人にとって（訳註　当時アレクサンドリアは長くローマの統治下にあった）、演説法、つまり雄弁術は、社会生活を営む上でのもっとも重要なたしなみの一つであった。その人が、その場にいることだけで、他の人々に強い印象を与える能力は、まったく非凡な才能であった。テオンが娘を仕立て上げようと決意していた「完全な人間」になる準備の一つとして、ヒュパチアは、話し方の正式な訓練を受けた。修辞学、語勢、催眠術的な暗示力、正しい発声法、耳ざわりよいやさしい口調の訓練を受けた。テオンは、彼女の生活を、綿密に、几帳面に、構成した。偶然とかその時々の事情にゆだねることは、ほとんどなかった。彼はまた、こういう有能な人物を育て上げるにあたり、他人に対する責任を会得させないでは、満足できなかった。染まり易く感受性が強い若者の心は、傷つき易いことについて、彼女に注意し、また、美辞麗句や、うわべを飾って、他の人々に、影響を与えたり、あやつったりしないように、警告した。彼の教育の結果、彼女は感受性豊かな、才能ある雄弁な教師となった。これらの特質は、彼女の文章にも反映している。

「寓話は寓話として、神話は神話として、奇蹟は、詩的空想として教えなければなりません。迷信を真理として教えることも、一番恐ろしいことです。子供の心は、それを受け入れ、信じます。そして後年、大きな苦痛と多分、悲劇とを経て、はじめてそれから解放されるでしょう。じっさい、人々は、生命ある真理のためと同じくらい熱心に、迷信のために戦うものです。その方が多いくらいです。迷信は実体のないもので、それを論破しようにも、つかみ所がないからです。けれども、真理は、一つの見解ですから、変りうるものです」(Hubbard 一九〇八年 八四頁)。

教育の次の段階として、ヒュパチアは、外国旅行をし、行く先々で、皇族のような扱いを受けた。ある記録では、ヒュパチアの旅行は、十年以上に及んだとされている。他の記録では、一年かそこらしか旅行しなかったという。たぶん、彼女の旅行は、長期にわたっていたが、連続したものではなかったらしい。しばらくプルターク(息)と、娘のアスクレピゲニアにより経営されていたアテナの学校の学生だったことは分っている。ここで、彼女の数学者としての名声は確立された。アレクサンドリアに帰ると、すぐ当局は彼女を招いて、大学で数学と哲学を教えるようにといった。この招聘を受諾し、その後の生涯は、アモニウス、ヒエロクレスなど、有名な学者がかつて占めた椅子で、教えて過ごした。

彼女は、人望ある教師だった。ソクラテス(歴史家)は書いている。彼女が講義する教室と同様、彼女の家は、当時のもっとも熱心な学者たちが、よく出入りし、図書館とムゼウムと並んで、この偉大な学問の都の、もっとも魅力ある知的センターの一つであった。彼女は、一つの奇蹟と考えられ、ヨーロッパ、アジア、アフリカから、熱心な青年学徒が、彼女の講義をききにきた。その講義は、ディオファントスの『アリスメティカ』について、つまり、ディオファントスが発達させた計算法や、様々な不定問題の解法や、彼の考案した記号についてであった。彼女の講義は、彼女自身の数学上の独創性のため、見事なものだった。彼女は、数学を、数学それ自身のために、彼女の知識欲にもえる心に与える純粋で強烈な喜びのために、愛したからである。

ヒュパチアは、数学について、いくつか論文を著わした。スイダス（十世紀末に生きたギリシャ著作物の事典編集者）は、彼女のものとされるいくつかの題名をあげている。しかし、不幸にも、これらは、完全な形では、伝わっていない。多くは、アレクサンドリアのプトレマイオス図書館と共に、またはセラピス寺院が暴民に略奪された時に、なくなってしまい、彼女の著作は、断片しか残っていない。彼女の論文『ディオファントスの天文学の法則』についての原文の一部が、十五世紀に、ヴァチカン図書館で発見された。それは、たぶん、コンスタンチノープルが、トルコ人に占領された後に、そこに持ってこられたのだろう。

ディオファントスの代数学は、一次と二次の方程式を扱った。ヒュパチアによる註釈書は、いくつかの別の解法を含み、彼女が考え出した新しい問題もたくさん入っていた。学者の中には、これらがディオファントスの原本の中にあったと考えるものもいるが、ヒース（一九六四年　十四頁）は、これらを、ヒュパチアのものとしている。

この著書の他に、『アポロニウスの円錐曲線について』を書き、彼の本を一般向けのものに書き直した。ギリシャ時代が終ると、円錐曲線についての関心がうすれ、ヒュパチア以後、この曲線は、十七世紀前半まで、数学者たちにより、まったく無視されていたことは、興味深い。

ヒュパチアは、また、アルマゲスト（プトレマイオスの『宇宙大系』。星についての彼のぼう大な観測を含んでいる）についての註釈書を書いた。その上、ユークリッドについての論文を、少なくとも一つ、父と共著で出した。これらの著書の多くは、自分の学生のための教科書として書いたものである。円錐曲線についての註釈書の場合と同じように、ヒュパチアが教えた数学は、何世紀も後のデカルト、ニュートン、ライプニッツの研究まで、何も進歩がなかった。

ヒュパチアのもっとも優れた弟子の中に、有名なキレネのシュネシウスがいた。後にプトレマイオス王朝の、富裕で勢力ある司教になった。科学上の助言を求める彼の手紙は、ヒュパチアと、彼女の研究について、もっとも貴重な資料の一つとなるもので、それらの手紙は、彼女との知的交流を、彼がどんなに高く評価していたかを示している（たとえば、Hale 一八六〇年 一一一頁を見よ）。

シュネシウスの手紙には、ヒュパチアが、アストロラーベ（訳註 古代の天文観測器械。天体の位置を測るもので、目盛をつけた丸い輪に、動く針や輪をつけた。分度器と同じように、角度を計るもの）と、プラネスフェア（惑星儀）の発明をしたと認めている部分がある。どちらも天文学を研究するための器械である。彼の手紙は、また、水を蒸留する装置、水位を測る装置、第三に、液体の比重を測るものを、彼女が発明したと認めている。この最後の装置は、比重計または、ハイドロスコープと呼ばれた。

ヒュパチアの同時代の人々は、彼女の偉大な天分について、まるで詩のように、感動こめて書いた。ソクラテス、ニセフォルス、フィロストルギウス、ヒュパチアの信条とは異なるキリスト教の歴史家のすべても、やはり彼女の性格と学識を、大いに賞讃した。彼女の人望は、高く、本ものだった。貴族や学者から結婚の申込みを受けたことも何度かあったが、これらの申込みに対して、「私は真理と結婚いたしました」と答えたといわれている。この見事な言葉は、疑いなく、本音というより、口実だった。彼女はただ、気持の上でも、人生観でも、自分にふさわしい相手にめぐりあえなかったというほうが本当だろう。結婚はしなかったが、恋愛はした。彼女にはいろいろなロマンスがあったと想像されている。〔原註〕

〔原註〕 スイダス（約十世紀）は、ヒュパチアが、新プラトン主義者、ガザのイシドルスと結婚しただろうといったが、大部分の歴史家はこれは事実でなく、作り話だと考えている。彼女の生涯のうちの、ロマンティックな面は、いろいろの推測をひき起した。J・トランド作『ヒュパチア、もっとも美しく、もっとも高潔で、もっとも学識のある……婦人の生涯』（ロンドン 一七二〇年）を見よ。

彼女は数学者として有名であったと同じ程度に、哲学者としてもよく知られていた。「ミューズ様」（学問の神様）とか、「哲学者様」という宛名の手紙は、疑問なく、彼女のところに配達されたという伝説もある。彼女は、新プラトン主義と呼ばれるギリシャ思想の一派に属していた。この派の科学的理性主義は、支配的だったキリスト教の、教条的信仰に、さからうもので、キリスト教の指導者を、ひどくおびやかした。これらの敬虔派教徒は、ヒュパチアの哲学を異端と考えた。紀元四一二年に、キリルが、アレクサンドリアの大司教になったとき、こういう異端者を抑圧する組織的な計画を立て始めた。彼女の信条とオレステス（エジプトの行政長官で、キリルに対抗できる唯一の勢力の代表）との友人関係のために、彼女は、二つの党派間の政治的報復手段の人質として捕えられた。

キリルは、有能な異端審問官であった。まず、彼は、民衆の情熱に火をつけ、彼を非難する者に暴民をけしかけ、ユダヤ教会堂を倒し、市の行政長官の地位と権威をほぼ完全に侵害した。彼の信徒たちの気分は狂暴となり、彼の行動により政治的騒乱も起ったので、紀元四一五年になると、自分の権益は、一人の処女の犠牲によって、一番完全に守られるだろうと確信するようになった。彼の命令で、狂信者の暴徒が、大学の講義に行く途中のヒュパチアに襲いかかり、馬車から引きおろし、髪をすべて引きぬき、つづいて、なぶり殺した。

エドワード・ギボンは、書いている（一九六〇年　六〇一頁）。

「女性の美しい花盛りに、知恵が成熟した時に、しとやかな乙女は、恋人たちを拒否し、弟子を教え導いた。身分も高く、才能も優れた、もっとも華々しい人々が、この女性哲学者を訪ねることを熱望した。キリルは、彼女の学校の戸口に群がる馬や、供の奴隷の華麗な行列を、ねたみの目で眺めた。行政長官と大司教の融和を妨げる唯一の障碍は、テオンの娘であるという噂が広められた。そして、その邪魔物は、たちまちとり除かれたのだった。レントの聖なる季節の運命の日、ヒュパチアは、馬車から引きずり下ろされて、衣類をはぎとられ、教会に引きずられ、残酷にも、朗読者ペテロと（訳註　朗読者——聖書を朗読する資格がある平信者）、残忍な無慈悲な狂信者の群の手で、虐殺された。彼女の肉は、鋭いかきの殻で骨からはがされ、ぴくぴくしている手足は、炎に投げこまれた。数々の贈り物により、公正に審問し、刑罰を下すことは、中止された。しかし、ヒュパチアの虐殺は、アレクサンドリアのキリルの人物と宗教に、ぬぐいがたい汚染を残したのである」（訳註　岩波文庫　ギボン「ローマ帝国衰亡史」七巻にこの部分が入っている）。

オレステスは、ヒュパチアの無残な死に責任を感じ、調査を頼んだ。犯罪人を法廷に引出すため、できるだけのことをした。ローマに、彼女の死を報告し、調査を頼んだ。それから、自分自身の生命の危険を感じ、市を離れた。調査は、「証人がいない」ということで、何度も延期された。最後に、大司教は、ヒュパチアは、アテネにいて、何も悲劇はなかったのだと発表した。オレステスの後継者は、大司教に協力させられた。ある歴史家が述べたように、「警察方式として、独断主義が、最高位を占めた」。

ヒュパチアの歴史上の地位は、かなり確立しているようにみえる。じっさい、女性のうち彼女だけが数学史にとりあげられることが多い。彼女の生涯と時代は、チャールズ・キングズリーの著書『ハイペイシア（ヒュパチア）——古い顔の中の新しい敵』（一八五三年）に、ロマンチックに描かれている。しかし、この小説は、ほとんど完全に、ヒュパチアの数学上の重要な研究を無視している。またこの本は、ヒュパチアについても、紀元五世紀頃のアレクサンドリアの生活についても、信頼できる情報源としてすすめることはできない。

モザン（一九一三年　一四一頁）は、これに反し、ヒュパチアの科学上の地位をもっと重視している。次のように書いている。

彼女は「古代女性の中で、詩におけるサッフォー、哲学と雄弁術におけるアスパシアにも比すべき者で、女性の中の最高の栄光である。学識の深さ、才能の多面性において、彼女に並ぶ者は、同時代人にはほとんどなく、プトレマイオス、ユークリッド、アポロニオス、ディオファントス、ヒッパルコスなどの輝やかしい科学者の間でも、特に異彩を放つ地位を占める資格がある」。

彼はつづけて、この「ミューズの愛娘《まなむすめ》」が、ラファエルの描いた「アテネの学園」の絵に入っていないことを残念がる。とり上げなかった理由として、ラファエルの時代には、今日ほどは、彼女の業績が知られていなかった事実によるとしている。ラファエルが軽視したのは、その無知のためか、教会との親密な関係のせいか、彼自身の偏狭さのためか、どちらにせよ、他の多くの女性数学者が経験することになったと同じ現象であった。

# 暗黒時代からルネサンスへ　アグネシの「魔女」

Maria Gaetana Agnesi
(1718～1799)

ヒュパチアの死後、何世紀もの間、どちらかというと、数学は停滞気味であった。事実、紀元四七六年のローマ滅亡と、一四五三年、トルコ人によるコンスタンチノープル占領の間の時期は、学問と文化は全般的に衰退していた。

この何世紀もの長い間に、文化の小さな中心地が、ヨーロッパのあちこちに、次々と発達した。イタリアはその一つであった。ゴール（今のフランス、ベルギーなど）もその一つとして発展した。ついで、イギリス、アイルランド、ドイツも、学問の中心地として浮かび上がった。

古代が中世へと移り変わりつつあったこの時代に、「女性軽視」の巨大な波が、ヨーロッパのキリスト教国をまきこみ、ルネサンスが始まるまで、退こうともしなかった。もっとも文化が進んだ中心地でも、女性が、どんな形でも、高等教育を受けるには、強い反対があった。多くの人々は、基礎的な教育、読み書きのようなものさえ、女性には許さず、これらは誘惑と罪の源になると主張した。ガンデルスハイムの有名な修道女、フロスヴィタは、こういう意見に答えていった。「危険なのは知識そのものではなく、その誤用です」"Nec scientia scibilis Deum offendit, sed injustitia scientis" (Mozans 一九一三年 四五頁)。

学問は、ほとんど、男女それぞれの修道院の中に限定され、これらの聖域は、数学の聖なる神秘性をよく守って、聖職者の信仰に同意した者だけに、学ぶ権利を与えた。中世では、ふつう、このような学校が、女の子たちに開かれた唯一の教育の機会だった。これらの学校のいくつかで、女性が学者として、頭角を現わすこともできた。

恐らく、彼女たちの中で、一番学識があったのは、フロスヴィタであった。十世紀のサクソニーのベネディクト派教会の有名な尼僧である。彼女は、よく彼女の書いた劇についてや、歴史や伝説の作者として話題になる(後者のうち、『テオフィリウスの堕落と回心』は、有名なファウスト伝説の先駆であった)。いっぽう、フロスヴィタの著書は、この時代の修道院の数学についての重要な索引ともいえるもので、ギリシャやボイオチア(訳註 古代ギリシャの共和国)の数学について深い知識を示している。たとえば、『サピエンチア』の中で、ハドリアン皇帝が、サピエンチアの三人の娘(信仰、希望、慈悲)の年齢を尋ねたとき、その解答は、『慈悲』の年齢は、不完全な「四で割り切れる数」。『希望』は、不完全な「二で割り切れるが四で割れない数」。『信仰』は、「奇数と偶数で割ると一余る数」とかいている。また、フロスヴィタが著書の中で、四つの完全数、六、二十八、四九六、八一二八をあげているのは注目に価する。(原註)

〔原註〕 完全数とは、その数を割り切れる数（約数）の和、つまりすべての因数と一の総和と等しい数のこと。すなわち 6＝1＋2＋3

フロスヴィタは、天才の勇気と独創性を共に持っていた。もっとも、彼女の才能のすべてが、数学の研究と発展のために、集中されていたわけではなかったが、彼女は学問のいろいろな分野に興味を持った。彼女は、中世尼僧院の女たちに教える材料にしようとして、著作をしたが、同じ目的で、他の学問のある修道女たち、たとえば、ライン河畔のビンゲンの修道院長、聖ヒルデガルトも、筆をとった。彼女の数学の能力と、科学論文は注目をひいた。彼女が次のように書いているので、ある作家たちは、彼女は、何百年も前に、ニュートンを先んじたと主張している。「太陽は天空の中心であり、地球が地上に住む生物を引きつけているように、太陽の引力が、まわりの星を、それぞれの位置に保つ」と（Mozans 一九一三年 一六九頁）。

コンスタンチノープル陥落後、ボスフォラス海峡のこの有名な古都から、多勢の学者が、イタリア半島に流れこんだ。彼等は、科学と文学の貴重な宝を持ちこみ、ルネサンスと呼ぶ興味深い現象に火をつける役割を果した。学問にとり重大なもう一つ注目すべき進歩は、動かせる活字を使う印刷機械の発明であった。この発明は知識の普及に役立ち、正式に教育を受けられなかった人々にも、印刷物を手に入れやすくした。

イタリアでは、「比較的自由なローマ夫人」の伝統はまだ残っていたが、ヨーロッパ大陸の他の場所では、ルネサンス以後でさえ、女性の地位の変化は、大変遅かった。時には、すばらしい能力と天分を持った女性がいた。しかし、彼女たちの生涯は、もっとも初歩の教育さえ受けられなかった大多数の女性の一般的無知を、かえって対照的に、強く浮かび出させるのだった。

フランスとドイツでは、女権反対運動が復活した。これは、古代ギリシャやローマで、女性の向上心を窒息させたものである。チュートン人魂は、女性に知性を認めなかった。ルッターは、女子教育に反対し、その影響力は大きかった。

イギリスでは、ヘンリー八世は、修道院の制度を廃止した。そのあと、長い間、女性は、何も組織だった教育なしに放置された。エリザベス一世も、女子教育のため、何もしなかった。イギリスでは、ともかくこれらの年月の間に、女性が大いに知的に進歩したのは、家庭教師によるものや、知る権利を求めた個々の女性の長い努力のおかげである。ここでは、ヨーロッパのほとんどの国と同じように、女性は、多くの点で、中世の暗黒時代でよりももっと、学問から遠ざけられていた。

しかし、ルネサンスが始まったイタリア半島では、中世の終る前に、すでに幾人かのイタリア女性が、学問の世界にふみ入っていた。ある者は、博士号をとり、ボローニャやパヴィアの大学で、講師や教授になる者もいた。

ルネサンスの開始と共に、多くのイタリア婦人が、教育運動の中で、ふたたび積極的役割を果すようになった。一歴史家が、イタリア史の中のこの時期について書いている（Mozans　一九一三年五八頁）。

「中世紀が終って、女性に開放された大学は、喜んで女性に博士号を授与し、そのもっとも重要な教職員のいくつかの椅子に、女性を喜んで迎えた。ルネサンスは、まさにイタリア半島全土での、知的女性の全盛期だった――女性が男性と同じ学問上の自由を享受した時代だった。」

これらの女性学者は、嘲笑にさらされることもなかった。同じ歴史家は、次のように書いた(Mozans 一九一三年 六三頁)。当時の男性は、

「……リベラルで、寛容だった。彼は彼女が、ドクターの帽子をつけ、大学の椅子を占めたからといって、女性の領分をはみ出たとか、男性化したなど、一瞬たりとも思わなかった。風変りとか、きつい女などと非難したりはまったくせず、教養と深い知性で魅力を増したことにより、女性の気品と美徳を高めた者と認めた。彼女たちは、教育ある女性に今日でもよく向けられる諷刺や嘲笑の矢をまぬがれただけでなく、俗界・霊界双方の支配者の会議にも招かれた。

女性は劣っていると激しく非難したり、理解ある騎士道的時代が、女性に気前よくふりまいた敬意に対して、抗議したりさえする、無分別な女嫌いに、災いあれ！　イタリアの女性たちは、他国の女性と違い、自分をいかに防衛するかを知っていて、必要な時は、自己防衛のために、筆をとることを恐れなかった。女性の活動を、育児や台所に限定したがる偏狭な評論家や、哀れむべき衒学者に、返答として書いた無数の著書が、この証拠になる」

この啓蒙的精神のおかげで花開いた才能ある人々および天才は、大変多かった。女性は医学、文学、哲学、科学、言語学などの学問・芸術上で有名になった。十七、十八世紀の間、数学上においても、重要な名前が現われている。タルキナ・モルザは、立派な学者たちに学び、彼女の業績はローマ元老院により、栄誉を与えられた。ネープルズのマリア・アンジェラ・アルディンジェリ。ジェノアのクレリア・ボッロメオ、彼女は広く称讃され、「数学と力学上のどんな問題でも理解できる」といわれた(Mozans 一九一三年 一四二頁)。エレナ・コルナロ・ピスコピアは、パドゥア大学から、数学において大変優秀だということで栄誉を与えられた。ローラ・バッシは、主に物理学上の研究で知られている。(彼女の研究は、デカルトとニュートンを中心とし、ボローニャの科学アカデミーの会員だった)。ディアメンテ・メダリアは、女性の教育課程における数学の重要性について、特別な論文を書いた。その中に次の文がある。「数学へ、数学へ、知的訓練のために、女性を、数学に熱中させよう」(Mozans 一九一三年 一四二頁)。

以上の中の何人かは、もっとも厳密な意味での数学者だった。他の者は、数学の周辺で研究した。しかし、その正式な名称は何であれ、それぞれは、十分に数学を吸収し、ルネサンスと呼ぶ、この啓蒙的な力強い時代の、立派な役割を果そうと努力した。このために、彼女たちは、それぞれに評価され、われわれの注目に価する理由をもつのである。

しかし、そのうちで一番有名なのは、マリア・ガエタナ・アグネシで、すべての時代を通じ、もっとも優れた女性学者の一人といわれる。一七一八年五月十六日に、ミラノで、富裕な、知的な家庭に生まれた。ヒュパチアと同様に、アグネシの父は、数学教授だった。ピエトロ・アグネシ・マリアミ教授は、ボローニャ大学に席をおいていた。マリアの母親アンナ・ブリヴィアと共に、娘の教育について、たいへん注意深く計画を立てたので、その教育は豊かで、質が高いものだった。

彼女は、大変早くから、天才児とさわがれた。五歳でフランス語を話し、九歳までにラテン語、ギリシャ語、ヘブライ語およびいくつかの現代語をマスターした。この年頃に、ラテン語で講演し、女性のための高等教育の必要性を主張した。この問題は、生涯を通じて、いつも彼女の興味をそそった。

マリアの十代は、自分の勉強と、弟たち(彼女は二十一人兄弟の一番上だった)を教えることで費やされた。この間に、彼女はまた、ニュートン、ライプニッツ、フェルマ、デカルト、オイラー、ベルヌイ兄弟などのような大家が進めてきた数学をマスターした。

アグネシ家は、当時のもっとも優れた知識人の中のよりぬきの人々の集合場所だった。マリアは、父が精選した人々の集まりのホステス役をつとめた。彼女は、父の書斎に集まった人々の行なう研究会に参加し、論議されている興味深い哲学的問題について、話題を提出した。父は、娘が、これらの学者たちと討論するのを奨励した。

シャルル・ド・ブロス氏は、(ブルガンディ議会議長)『イタリア書簡』中に、彼と甥が招かれたこの研究会の一つについて書いている(アグネシ 一八〇一年 十三頁)。彼は、次のような多種類の討論において、マリアの博識多才ぶりに、とくに強い印象を受けた。

「精神が、物体から感覚的印象を受けるしくみ。これらの印象が、最初に感じられる目や耳その他のからだの部分から、脳の器官（精神が感覚的印象を受けとる場、感覚中枢）に伝達するしくみ。次に、われわれは光の伝播やプリズムによる光の色について議論した。それから、ロッピンは、透明体や幾何の曲線図形について論じたが、最後のテーマについては、私には一語も理解できなかった。……彼女は、私たち同様、前もってそれらについて話すための準備をすることはできなかったのに、これらすべての問題について、驚くほどみごとに話した。彼女は、サー・アイザック・ニュートンの思想に、深く傾倒していた。彼女の年齢で、難解な問題についてあれほど論じられるのは、すばらしいことだ。彼女の知識の広さと深さについて、ずい分驚いたが、彼女がラテン語を、あんなに純粋に、すらすらと正確に話すことは、もっと驚いた（ラテン語は、彼女もきっと、そういつも使う折はないはずなのに）。」

ド・ブロスによると、この特別な会合には、ヨーロッパの数ヵ国から来た三十人ぐらいが出席し、円形に座って、マリアに質問した。ピエトロ・アグネシは、立派な娘を明らかに誇らしげだった。しかし、こういう派手なやり方は、はにかみやで、内気な彼女の性質に反していたので、二十歳頃になったとき、そういうことは止めにしたいと、父を説き伏せた。この頃、彼女は、修道院に入り、世間から離れて研究したり、貧民に奉仕したいという希望をもらすようになった。この願いを、父は拒否した。

マリアは結婚しなかった。大部分の時間を、数学の勉強と、弟妹たちの世話と、（母の死後は）

家事に費やした。

一七三八年、彼女は、父の家に集まった学者たちの討論を基にした『科学論』(*Propositiones philosophicae*)という自然科学と哲学を複合した論文の集成を出版した。これらの論文の中でも、女性は、いろいろの分野の教育を受けなければならないという自分の信念を述べた。

二十歳までに、彼女は、もっとも重要な著書『解析学』(*Analytical Institutions*)を開始していた。この本は、微分・積分学についての四つ折判二巻にもなる大論文である。この仕事に十年間を費やした。この頃、何度か、答えが出ないむずかしい問題に一日中とりくんだあと、夜、目を覚まし、夢遊病のような状態で、その問題の正しい答を書きあげたという彼女の報告は、彼女の数学的天分を反映しているといえよう。

彼女の著書が、一七四八年に、ついに出版されたとき、学界に、センセーションをまき起した。もともと、自分の楽しみとしてこの著作を始めたのだが、まず、弟たちの教科書になり、つぎに、より重要な力作となっていった。その時代までに、女性が出したもっとも重要な数学書の一つであると認められた。この種の本の中の古典であった。初期のロピタル〔原註〕の書物以来の、微積分学の最初の総合的教科書であった。それはまた、有限・無限解析学についての最初のもっとも完全な著書の一つであり、オイラーがその世紀の末に出した大部の微積分学の教科書まで、それ以上のものはなかった。

〔原註〕 ロピタル侯は、『微分解析』の著書で、高く評価されているが、この有名な数学者の妻は、この著書が出版されるまでに、特別に助けた。また数学の才能を夫と共有し、何から何まで共に研

究した。事実、彼の重要な著書のほとんどが、彼の死後出版されたのも、見とどけた。

アグネシの学界への大きな貢献は、様々な数学者の著書を、彼女の二巻の本に、集約したことである。ニュートンのフラクション法（流分法）とか、ライプニッツの微分法なども、その中にある。解析に関するいろいろの研究は、様々な研究者の著書の方々に散在していて、あるものは外国の雑誌にのっていた。マリアは、その学識と語学の才能を利用し、これらを集めて、要約を作った。いろいろな資料に散在している数式の展開や計算法をさがし出すという以前必要だっためんどうな仕事から、学生たちを解放してくれた。彼女の著書は、フランス語、英語に訳され、広く教科書として使われた。

『解析学』の第一部は、有限量の解析を扱い、円錐曲線を含む軌跡の作図を論じている。なお、曲線の極大、極小、接線、曲り方の基本的問題を扱っている。

第二部は、「無限に小さい量」、つまり独立変数に比べると、その割合は、任意のどんな量よりも小さいと定義される量についての解析を扱っている（もし、そのような無限小――「微分」や「流分」という――を、その変数に加えても、またはその変数から引いても、その変化は、認められない。「微分差」、つまり０に近づく変化量と、「流分」つまり有限の変化率は、実質的に同じ量として扱われる）（訳註　ライプニッツは、独立変数が無限にわずかに（$dx$）変化するとき、関数 $f(x)$ または $y$ が受ける無限に小さな増加分 $dy$ を決定することを、微分学の問題とした。ニュートンは、流分を $\dot{x}$ とかき、変化する $x$ での瞬間の変化率を現わした。それで無限小の概念を避けようとした）。

アグネシの著書の第三部は、積分学を扱い、当時のその分野の学問が、どの程度であったかを分らせてくれる。彼女は、積分の特定の方法をいくつか述べ、関数を、べき級数として表現することについての議論もある。収束（収斂）の範囲は、扱われていない。

最後の部は、「逆接線法」と、ごく基本的な微分方程式を論じている。

彼女の著書『解析学』には、多くの重要な面が他にもあるが、それらも皆、アグネシの正矢《せいし》曲線（Versed sine curve 1−cos 2）論に比べると、光彩を失ってしまう。これはフェルマが、最初に研究したものである。この三次の平面曲線の方程式は、$xy^2=a^2(a-x)$ である。（アグネシは、次の幾何学的原理から始めた。ある曲線上の、対応する点 $x$ の縦座標 $y$ が、ある半円のその点 $x$ の縦座標 $y$ と等しいときは、縦座標の二乗と、その半円の半径の二乗との比は、縦座標が半円を分ける割合と等しい）（訳註 $\frac{y^2}{a^2}=\frac{a-x}{x}$）。この曲線は、フェルマと同様、ギド・グランディによっても、もっと早く研究されていた。この曲線は、ヴェルシェラ *Versiera* とよばれるようになったが、ラテン語で「廻る」という意味の *Vertere* からきた言葉である。しかし、また、イタリア語の *Avversiera* つまり「悪魔の妻」の略語でもある。

一八〇一年、マリアの著書を、ジョン・コルソン（ケンブリッジの数学教授）が、英訳した時、コルソンは、ヴェルシェラという語を、魔女とした。このような誤訳により、マリアの論じた曲線が、「アグネシの魔女」と呼ばれるようになった。その結果、マリアが、現代のイギリスの教科書にとりあげられるときは、よく、この「アグネシの魔女」という言葉で出てくる。アグネシの無私の奉仕と、信仰深い生涯をよく知っているものには、この言葉は絶妙なアイロニーを感じさせる。

マリアの諸著書は、フランス科学アカデミーに注目され、その審査委員会が任命された。代表者がその後、彼女に次のように書いた（Beard 一九三一年 四四二頁）。

「私は、この種の著書の中で、こんなに明確で、系統的で、理解し易いものは他に知りません。数学では、これほどの本はありません。数学者たちの著書の中のあちこちに扱われ、まったく違う方法で得られた様々な結果を、同じ方式のもとにまとめた技術を、私はとくに評価します」。

このほめ言葉にもかかわらず、フランスアカデミーは、アグネシの入会を許可しなかった。その規約が女性をしめ出したのである。アカデミーそのものの着想が、設立者のリシュリューに提言されたのは、ランブイエ夫人という女性のサロンであったのだが。

幸いにも、イタリアのアカデミーは、もっとリベラルであった。マリアは、ボローニャの科学アカデミー会員に選ばれた。その他多くの栄誉を受けた。彼女の著書は、女帝マリア・テレサに献呈されていたが、女帝は、賞讃のしるしとして、マリアに、すばらしいダイヤの指輪と、ダイヤと宝石で飾った小さなクリスタルガラスの手箱を贈った。

しかし、もっとも彼女を喜ばせたのは、法王ベネディクト十四世からの表彰だった。彼は数学に興味をもち、マリア・アグネシの並ならぬ才能を評価した。彼の手紙は、彼女の業績に対する敬意を示している。彼の招きによって、彼女は、ボローニャ大学の数学の名誉教授に任命された。

彼女の名前は、大学理事会により、教職員名簿に加えられ、その旨の資格証書が、法王により彼女の許に送られた。その証書の日付けは、一七五〇年十月五日である。後に、メアリ・トマス・ア・ケムピス修道女は、アグネシの名前は、一七九五年〜一七九六年まで、大学の「勤務表」に残っていたと書いている。

この任命を、アグネシが受けたかどうかについては、歴史家の間で意見が異なる。彼女は、ある有名な物理学者ラウラ・バッシなど、当時の多くの人々から、受諾するように勧められた。彼女の生涯についての多くの調査では、ボローニャ大学で、彼女は一七五〇〜一七五二年に、数学と自然哲学の教授の椅子を占めていたとされている。他の人々は、彼女の父が最後の病床についた間、父の代りにその地位にあっただけだと書いている。なお、他の人々は、彼女は愛するミラノに留まる方を好み、法皇の申出を断わったと主張する。恐らく、彼女は、この地位を受諾し、一七五二年の父の死まで大学に勤め、父の死後は、研究と大体孤独ですごす、より静かな生活へ戻る決心をしたのではないか。

彼女は、これ以上の数学の研究をする意欲をすてた。一七六二年に、チューリン大学から、変分法についての若いラグランジュの最新の論文についての意見を求められたとき、そういう問題にもう関心はないと答えた。

熱心な信心深い性格に忠実に従って、自分の時間の多くを、マジョーレの病院の病人たちや、自分の教区サン・ナザロの貧民たち相手の慈善事業に捧げた。

メアリ・トマス・ア・ケムピス修道女は、『数カ国語の生き字引』という題の、みごとな文章で、アグネシの慈善的骨折りについて書いている。「ますます事業を拡げるために、衣類、食物、大好きな書物を節約し、王室からの贈物や、法皇ベネディクト十四世から頂いた、みごとな宝石入りの冠まで、おしげなく売った」(Thomas a Kempis 二二六頁)。

自分の家を、身よりのない人、病人、老人、貧民の避難所にした。見捨てられた女たちを、他に場所がない時は、自分の部屋で世話をした。一七七一年に、病人と虚弱者の施設、ピオ療養院が開設されたとき、司教は、婦人たち、とくに病人を訪ね指導する任務を、マリアに依頼した。彼女は、自分の小さな病院を営む重荷のほかに、この義務を引き受けた。これらの義務があまりにも負担になったとき、一七八三年、彼女は療養院に住みこむことにしたが、貧民のための基金を減らさないため、部屋代を支払うことを主張した。療養院の年報で、彼女は、「病人と死の床の女たちへの慰めの天使」とよばれている。これは、一七九九年一月九日八十一歳で永眠するまで続いた(Thomas a Kempis 二二六頁)。

アグネシは、市の城壁のローマ門の外の墓地に埋葬された。ピオ療養院の十五人の老人と共同の墓である。その墓には、凝った碑もない。またその必要もない。彼女はその優れた仕事のために、広く栄誉を受けてきたし、今も受けている。

彼女の死後百年の記念に、ミラノ市は、彼女の生涯に注目した。ミラノ、モンザ、マシアゴの通りに、彼女の名がつけられた。ピオ療養院の正面に、記念のすみ石がすえられた。そこに刻まれた銘に、彼女の「数学上の学識は、イタリアの、および彼女の世紀の、栄光なり」と記してある。ミラノ師範学校は、彼女の名前をつけ、貧しい娘たちへの奨学金が、彼女を記念して設けられている。

彼女の労苦の生涯の後、ほぼ二百年たった現在、彼女の思い出は、まだ生きていて、人々を励ましている。

# エミリ・ド・ブルテーユ デュ・シャトレ侯夫人

Emilie de Breteuil, Marquise du Châtelet
(1706～1749)

ルネサンス以後、フランスでは女性が教育を受ける機会は、ほとんどなかった。十七世紀に、学識あるフランス女性がいたことはいたが、その数は非常に少なかった。わずかな例外を除き、フランスの女性は、長時間、勉強に過ごすような好みは、ほとんど持たなかった。まして、アルプスの南の姉妹たちのように、学者としての生涯を貫こうとするものは、もっと少なかった。

しかし、ルネサンスの伝統は、貴族階級の中のある人々の中には、なお大変強く残っていた。ルイ十四世の治世中に、最初の国立女学校、サンシル学院が、貴族の娘の教育のために創設された。マントノン夫人（王の平民出身の夫人）が、その学校の開設の責任を引き受けた。夫人は、当時のもっとも進んだ女性の一人だったが、その学校はほんの初歩の勉強だけを教えた。サンシルの目的は、将来の貴族の妻を養成することだった。自然科学は、もちろん、それらの女性の興味、必要、能力外のものとされた。

十七世紀に、J・モリエールは、二つのひどい劇『才女気取り』と『女学者』を発表した。N・ボアローも『女性に逆って』を出版した。これらの作品は、すべて女学者を嘲笑し、「女学者」という言葉は、致命的なレッテルとなった。

モリエールとしては、彼のひどく辛辣な諷刺は、うわべだけの学者きどりを攻撃したので、本当の意味で、学識のある女性に向けたのではないといわれている。しかし、彼の機智とユーモアで、「女性は学問に向かない」という、幅をきかせている神話を、いっそう強化したため、それをいっそう広め、一般的なものにする結果となった。女性が、何か学識があることを示すことにさえ、まったく反撥する社会的風潮が生まれた。この一般的敵意は、大変激しかったので、真の学識ある女性ですら、その知的活動力をかくすことに大変苦労したほどである。もし女性が、あえて、科学か哲学に打ちこもうとしても、このような事を論じることができる唯一の場は、サロンにおいてであった。しかし、そこでさえ、話は楽しく、華やかに、軽い調子で進めなければならなかった。女性は数学とか物理学などの学問を理解するに必要な抽象化、一般化、精神的集中力などは不可能だと思われ、そのため、これらの学問から、締め出された。

ジャン・ジャック・ルソーも、その感受性が、伝統のためくもらされ、女性は、実用的・家庭的なことにだけ関係していればよく、抽象的で、思索的な真理や原理は、彼女たちの能力以上のことであると考えた。「観念を一般化しようとすることは、すべて、女性の能力をこえること」と信じたとされている(Mozans 一九一三年 九二頁)。こういう考え方には、D・ディドロ、モンテスキュー男爵、ヴォルテールなどの有名人や百科全書派も、モリエールとボアローと同様、賛成だった。

これらの男性は、貴族の令嬢たちを教育しようとする考えを嫌った。貧民の娘の教育など、まったく考慮の余地さえなかった。彼等のほとんどが、自分自身の相手としては、洗練された知的に刺戟を与えてくれる女性を求めたことは、皮肉である。幾度か、これらの女性から、知的援助を明らかに受けていた。とくに、ヴォルテールの場合はそうだった。

こういう意見に、堂々と反抗しようとするフランス女性は、ほとんどいなかった。また、試みた人々を守る勇気を持った人々も、ほとんどいなかった。つづく二世紀の間、フランスで女性が名をあげたとしても、せいぜい、サロンという社交生活の中であって、それ以上の、何か実質的なものを基にしているわけではなかった。そのサロンでは、知的火花がきらめいていたそうだが、本当の学究的なものではなかった。

パリで、一七〇六年十二月十七日、エミリ・ド・ブルテーユが生れたとき、まわりの環境は、このようなものであった。父親は、ルイ・ニコラ・ル・トヌリエ(ブルテーユ男爵)で、上流社会の、やや浅薄な人で、大使の取次役、つまり、宮廷の儀典長だった。

エミリの母親は、修道院で教育を受け、そのふるまいは、当時の貴婦人の典型だった。子供たちに指図することは、限られていた。「ナプキンで鼻をかんではいけません。……パンはちぎって食べるべきで、切ってはいけません。卵を食べ終ったら、からはかならずつぶしなさい。……教会で髪をとかしてはいけません」(Mitford 一九五七年 十七頁)。その社会では役立つことだったが、エミリが、こんなつまらないことに、よく従ったかどうかは疑わしい。しかし、彼女は（たぶん美しい母親から）当時大変流行していたコケットリー（こびるような態度）の厳格な組織的な技術を、すっかり学んだ。さらに、他の、新しい個性的魅力を、かねそなえていった。

「娘は注目に価する天才だ」と父が思いこむほどのひらめきを、早くから示していて、当時の水準からみて、かなり高い教育を受けた。彼女には語学の天分があり、たちまちラテン語、イタリア語、英語をマスターした。ウェルギリウス、タッソー、ミルトンを学び、『アイネーイス』（訳註 ローマの詩人ウェルギリウス作の叙事詩。アイネーイスが、トロイ落城後、諸国を漂浪し、ローマ建国の祖になった物語）を訳した。ホラティウス（訳註 ローマの詩人）の長い詩句を暗誦し、キケロ（ローマの政治家、雄弁家）の作品を研究した。

しかし、彼女が、真の純粋な変りない愛情を向けたのは、数学であった。家族の友人、M・ド・メチエールは、彼女の天分を認め、彼女に数学を勧めた。ヴォルテールは、数に関する彼女の才能について、後に書いている。「私は、ある日、目の前で、彼女が何の助けも借りないで、頭の中で、九桁の数を、他の九桁の数で割ったのを見た。一人の幾何学者がいて驚いたが、どのようにしてやったのか、分らなかった」（Hamel 一九一〇年 七〇頁）。

エミリの早熟は、他の方面にも現われた。彼女は、当時の語彙の中で作家たちがよく使った、幾分「熱情的性格」を持っていた。十九歳で三十四歳のシャトレ侯爵と結婚したが、それ以前も、以後も、恋愛問題はたえまなかったとうわさされている。彼女の伝記作家の多くは、そういう問題を、長々と扱っている。彼等がエミリの生涯を書くとき、とるに足りない、逸話的な、途方もない面を強調しようとしたあまり、彼女の生涯の、より学究的な側面を犠牲にしてしまったことは、重大なことである。たしかに、彼女の数学上の仕事は、この本でとり上げた多くの他の女性たちほど、独創的、革新的なものはあまりないが、彼女の仕事は本格的で、とにかく完成されたものであるという事実は、大いに注目に価する。

エミリの夫は、古いロレーヌ家の長だった。彼は連隊長で、しばしば守備隊の任務で、家をあけた。結婚後、最初の二年間に、エミリは、男女二人の子を生み、二十七歳になって、もう一人男の子が生まれた。子供たちも、シャトレ侯も、彼女が向こうみずな情熱で、人生を把握しようとする妨げにはならなかった。その情熱は、フランス宮廷の中で、当時としても、異常なくらいのものだった。宮廷では、エミリは、ふつう、公爵夫人に許される特権、王妃の御前に座れることや、お供をして旅行するなどを享受した。彼女は、宮廷の社交生活、とくに賭事や、恋の火遊びを愛した。

エミリは、ゴシップを避けるために、充分に配慮したり、用心深くしたりはしなかった。このことによっても、他人の批判など気にせず、自分の思い通りに生きられる彼女の精神の強さが分る。彼女は、彼女自身の倫理観に従って、正直で立派だった（その道徳観は、じっさいしばしば、当時一般的だった規範や慣習には、違反するものだったが）。

彼女も、他人の意見にまったく無関心だった訳ではない。しかし、彼女は、自分自身の欲求に従って生き、できるだけ不自然な抑制なしに生きようと、決心していた。彼女がゴシップによく追われたのにもかかわらず、因襲に負けなかったことは、見上げた点である。

エミリの性質は、複雑であった。無謀で、熱狂的で、変り易く、積極的で、率直だった。彼女は、生き生きとした健康な子供のように、まっしぐらに生きた。ある伝記作家は、こう書いている。「人生の中のたわいない喜びのどれ一つでも、彼女にとって、つまらなすぎるということはなかった。精神は活動的で、生まれつき性格は単純なため、研究と遊びとの間に、一風変った争いをひき起した」(Hamel 一九一〇年 一三二頁)。

彼女に対する嫉妬と、非難をひき起した二つの許せない罪を、彼女は犯した。第一に彼女は、真剣に数学を研究することをやめることを拒否した。この研究を助けてもらうため、可能なかぎりの優れた個人教師を雇った。第二に、サロンをいつも明るくする、大変軽快な才人、ヴォルテールの心を捕え、彼女の残る生涯の、忠実な伴侶として、彼を独占した。この二つの行為は、サロンで退屈がっている上流の人々を、怒らせるに充分だった。

エミリの夫は、妻の知的関心については、何も気にかけなかった。彼女がヴォルテールと親しくして、これらの知的な興味にふけることにより、夫は、疑いなく助かっていた。彼女は、クブラン侯や、女道楽で有名なリシュリュー公など、他の男たちとも関係していた。実のところ、彼女は、リシュリューに頼んで、彼女とヴォルテールの関係で、騒ぎを起さないように、夫を説得してもらった。

この関係が続いているとき、ヴォルテールの『哲学書簡―イギリス通信』(訳註 イギリスの制度、産業、風俗、宗教、哲学、科学、文学、演劇を紹介。暗に絶対主義下のフランスを批判諷刺した)が、彼の承諾なしに出版された。この書簡は、ある種のフランス人の感情を、ひどく憤激させ、ヴォルテールが、今にも追放されるといううわさが立った。彼の身の安全を案じたエミリは、パリを離れ、ロレーヌ国境近く、シャトレ家の先祖伝来の故郷、シレーに行くことを提案した。二人がパリと宮廷生活の騒がしさから離れて、ぼつぼつと仕事をしながら暮したのは、このブレーズ河畔のシレーであった。シレーの城は、古く荒れていたが、ヴォルテールが、そこでの牧歌的情景を次のように述べている(Hamel 一九一〇年 五七頁)。

「この古い城を、彼女は飾りつけ、かなり美しい庭のある見事なものにした。私は、絵画陳列室を建て、動植物や鉱物のコレクションを相当集めた。その上、図書室にはかなりの蔵書があった。

何人かの学者が、私たちの隠れ家で思索するために、訪ねてきた。その中には、有名なケーニッヒがいた。……モーペルテュイも、ジャン・ベルヌイと一緒に来た。……この楽しい隠れ家で、私たちは学問のみを求め、外界で何が起っていようと、気にかけなかった。私たちは長いことライプニッツと、ニュートンの理解に集中し、全力を尽した。シャトレ夫人は、まず、ライプニッツに関心をよせ、『物理学の設立』という題の見事なできばえの本を書き、彼の体系の一部を説明した。彼女は、哲学を、哲学にとり縁のない装飾で飾り立てようとはしなかった。そのような気どりは、彼女の性格には、まるで縁がなかった。男性的で率直だった。文体の特色は、明確で、正確で、優雅なことだった。ライプニッツの思想を、できるだけそのまま表現できたとしたら、この本こそそのよい例であろう。しかし現在のところ、ライプニッツが、いかに、または何を考えたかを知ろうと努力する人は、ほとんどない。

生来、真理を愛する彼女は、まもなくライプニッツの体系を捨て、偉大なニュートンの発見物に身を入れ、彼の数学的諸原理についての著書を、フランス語に全訳した（訳註 ニュートンの主著『プリンキピア』。「自然哲学の数学的諸原理」とも訳される）。後に、彼女の知識がもっとふえたとき、ごくわずかな人しか理解できなかったこの本に『代数学註解』をつけ加えた。これもやはり、一般の読者には、理解できなかった」。

エミリとヴォルテールは、一七三三年から一七四九年まで、協力し楽しく暮したが、大変才能に恵まれ、厳格な二人の人が、このように、相互に依存し協力する関係を、長く続けられたことは、珍しい。偉大な男性または女性で、これほどまでに完全な伴侶、これほど共通する点が多い相手に、めぐり合う幸運をつかんだ人は、他にはほとんどいない。

ヴォルテールと、エミリは、それぞれ、様々な矛盾にみちた性質がまじり合った珍しい人物であった。二人は、本質的には理性的で、しかも、激し易かった。学問的好奇心に駆られ、夢中になる一方、洗練され、熱情的で、陽気である。二人とも商才にたけ、しかも、物惜しみせず、慈善深く、気前がよかった。

このように、ふたまたの、元気な、個性の強い二人が、どちらも、真理を自分の特有の語句で定義しようと熱中している二人が、互に適応するのは、困難なことだった。しかし、この困難は重大な性格のものではなかった（ゴシップで拡大されたときでさえ）。それで、共に働き、遊んだ長年にわたり、彼等の関係は、健全で、互の利益になるものであった。

エミリの業績を正しく評価するためには、彼女がその中で生きて活動した社会情況を理解する必要がある。エミリにもっとも影響を与えた教師の一人は、ピエール・ルイ・ド・モーペルテュイであった。当時の一流の数学者・天文学者の一人だった。彼は、イギリス学士院（ロイヤル・ソサイアティ）およびフランス科学アカデミーの一員で、ベルリンアカデミーの会長を一時つとめた。

モーペルテュイも、ヴォルテールも、フランス人の思想が、デカルトをのり越えていくようにと努力していた。この目的のために、ヴォルテールの『書簡』が書かれた。モーペルテュイも、やはり、フランスの科学思想がデカルトを離れて、ニュートンの見解に進むようにと努力し、いくつかの論文を発表した。二人とも、デカルトが、科学的研究を、より厳密な数学的基礎の上におくように、多くのことをした事実は、評価していた。しかし、十八世紀初めまでには、デカルト派の思想は、比較的気が小さい哲学を現わすと見る人々も出てきた（訳註　ニュートンは、運動の数学的理論から、万有引力を導いたが、デカルト派は、空間を隔てて働く引力について、否定的だった。力は圧力のように、接触して作用するという日常体験から離れられなかった）。

イギリスでは、ニュートンの『プリンキピア』が、一六八七年に出版されていた。その直接的影響は、ほとんどなかった。というのも、数学者でさえ、苦労なしには読めないくらいにむずかしかった。ニュートンの同時代の人のうち、ごくわずかな人しか理解できなかった。その人々は、それを、科学に弱い読者に、普及する気はあまりなかった。しかし、ヴォルテールとモーペルテュイが、一七〇〇年代初期に、イギリスを訪ねた頃には、二人とも、イギリス人のなした科学の発展に強い印象を受け、この発展は、ニュートン主義のおかげだと考えた。フランスに戻って、この熱狂的使徒たちは、ニュートンの思想を、フランスの学界に認めさせようと試み始めた。その学界は、当時、激しいナショナリズムの影響を大きく受けていた。

ヴォルテールが、じっさいに、ニュートンの原理を深く理解していたかどうかは、疑問である。モーペルテュイは、その問題についての彼の諸論文から判断すると、より深く把握していたようだ。二人の努力の成果が、異なっていたことは、面白いし、皮肉だ。モーペルテュイは、より学問的な数学者だが、ニュートン派の思想を、フランスの大きなサロンで、かなり流行の話題にすることに成功した。一方、ヴォルテールは、友人のエミリ・デュ・シャトレに、ニュートンをフランス語に訳すようにすすめた。この訳は、フランスの数学者、学者を、ニュートンの著書に近づき易くした。それは、彼女の死後、やっと出版されたが、エミリの訳と、附記した註解は、フランスの思想を、デカルト主義への従属から解放するのに、大きな役割を果した。

シレーで、エミリとヴォルテールは、よい設備の実験室を作り、そこで、特に楽しんでいた。エミリの最初の科学的研究は、火の本質についての探求だった。一七三八年フランス科学アカデミーは、その問題についての最優秀論文を選ぶコンクールを募集した。その告示は、一年前に出されていたが、エミリがそれに応募することを決めたのは、九月一日の〆切日の一か月前だった。ヴォルテールは、ずっと前から論文にかかっていた。しかし、気性の激しいエミリは、ヴォルテールがつきとめようと試みていた諸点で、意見が合わなくなったとき、はじめて、自分でもやり始めた。彼女は、自分の参加を、ヴォルテールに秘密にし、毎日一時間くらいしか眠らず、両手を氷水につけて、眠気を追い払いながら夜それを完成した。

その頃シレーを訪問したグラフィニ夫人は、二人の論文をよみ、それについて書いた「女性が文筆に関わるときも、男性を越えることは、本当です。何という大きな違いでしょう。……でも、彼女のような女性を生み出すには、何世紀かかることでしょう」(Hamel　一九一〇年　一六一頁)。

論文はどちらも、すぐれていて、二つとも説得力があり、独創的なものだった。エミリの研究は、その後の研究の成果を予見したもので、光と熱は、同じ原因から生じる、つまり、両方とも、運動の形式であるとした。また違う色の光は、同じ温度でないことを発見した。

しかし、二人の論文は入賞しなかった。賞は、他の三人の応募者に分配された。その一人は、オイラーである。エミリとヴォルテールは、仲よく一緒に落ちたことを知り、少くとも、ほっとし、慰められた。実際には、アカデミーは、彼等の参加論文の独創性に打たれたので、入賞論文の終りに、それらを印刷したほどだった。フレデリック公も、彼等の業績に対し、ほめたたえる手紙を書いた。

エミリは、意志の強い、ほとんど冷酷ともいえる研究者だった。彼女の個人教師たちに、不可能な要求を出した。彼女の回転の早い頭は、彼等を追いこした。彼女は時間の使い方が不規則で、彼等の生活を、めちゃくちゃにした。彼女の厳密な質問は、しばしば返答が不可能だった。一七三九年に、サムエル・ケーニッヒと、大げんかした。彼は、モーペルテュイの弟子で、彼女の個人教師として雇われていた。彼等の論争は、無限小の問題についての哲学的なものだった。結局、意見が一致しなかったので、二人は、互の関係を終らせることにした。

しかし、一七四〇年、エミリの本『物理学の設立』が出版されたとき、ケーニッヒは、そのしかえしとして、パリで皆に、この本は、彼がシャトレ夫人に教えたもののやき直しにすぎないとしゃべった。エミリは、はげしく怒った。ケーニッヒが、家庭教師としてくるよりずっと前に、彼女は自分の見解について、モーペルテュイと論じたことがあったので、モーペルテュイと科学アカデミーに、彼女の著書は、まったく彼女自身のものであることを、証明してほしいと訴えた。

理解ある科学者の多くは、彼女はその著書を書けるどころか、それ以上の力があると認めた。しかし、彼女は、自分にふさわしい支持を受けず、女性であることが不利に働いて、ケーニッヒが、彼女の潔白に、一抹の疑いを投げかけたという感じを捨てきれなかった。彼女の死後相当たった一七五二年に、ケーニッヒが、その本性を現わしたときに、彼女はいくらか身の潔白を立証できた。ケーニッヒは、ライプニッツからの手紙を偽造し、出版し、ベルリンアカデミーと不和になった。モーペルテュイも、ケーニッヒの不信行為について、彼とけんかした。しかし、これもまたエミリを救うには遅すぎた。

彼女自身の言葉によると、エミリは息子のための物理学の論文として、『物理学の設立』を書こうとしたのだった。当時使用された古典的な物理学の本は、ロホールトのもので八十年前に書いたものだった。十七世紀の物理学者が論じた問題や、彼等の方法、あげた成果、彼等を悩ました問題を扱った補足的な、新しい物理学の教科書の必要をエミリは感じた。しかし、これらすべては、一つの論文に収めるには、あまりにも広範なものだったので、代りに、彼女は、広範囲の教科書を作ったのである。物理現象について、序論・定義・概念の歴史的発展の考え方から成る現代の教科書と違わないわく組みで書いた。その上、『物理学の設立』は、一連の形而上学的原理を扱った。その中には、推理の五原則、物質の本質、知識の本質などを含んでいる。

この著書で、エミリは、ライプニッツの形而上学的側面を、ニュートンの物理学的側面または観念と、綜合しようと試みたといわれる場合もある。『物理学の設立』は、ライプニッツとニュートン（デカルトも含めて）の、当時の新しい物理学の設立に果した役割を、明白に、詳細に述べたのはたしかだ。しかし、エミリの扱った科学は、他の科学者たち（フランス人、イギリス人、ドイツ人、スイス人、オランダ人など）の間の、人間の思想の成果をもまた含んでいた。彼女は物理学を、普遍的問題として提出し、空間、時間、塡充《てんじゅう》性などに関するそれぞれの論点を明らかにしようとした（訳註　塡充性というのは、デカルトの考え方で、微小分子が、宇宙空間や地上の物質粒子の隙間を満しているとした。熱、光など様々な自然現象をそれで説明した。それにエーテルと名づけた人もいる。原子、真空、電磁気理論などが確立するまでよく論議された概念）。彼女はデカルト、ホイヘンス、ケプラー、また、ギリシャの原子論者まで持ち出して、それらの研究により作られた歴史的背景を述べ、つぎに、もっと近代の科学者、ブラッドリ、クラーク、ウォルフなどによる新しい物質観を紹介した。

彼女は、偏狭な扱い方をせず、また、どの科学者の立場も、むやみに受け入れなかった。むしろ、彼女は、必要なことは、それぞれの業績と、科学的な考え方（または仮定のし方）を、よりよく理解することだという立場をとった。彼女は、「ニュートンは、仮説を余りにも熱心に非難しすぎた、一方、デカルトは、直観主義を余りにも重視しすぎた」と、指摘した。彼女は、偉大な思想家も時には、極論に走って、誤ることがある事実を明らかにし、デカルトとニュートンの両学説が、十七世紀科学の正反対の集結地点になった事実を、ひどく非難した。

彼女の著書は、理論一点ばりのものではなく、またライプニッツやニュートンやデカルトを弁護する論客であると判断するのは、正当でない。彼女が、最初、ライプニッツに傾倒し、次にやっとニュートン主義に到達したという作り話を、不朽にしたのは、ヴォルテールにも幾分責任があったようだ。『物理学の設立』を詳細に読むと、彼女が、近代物理学の発展の跡をたどり、また彼女の同世紀の哲学者で科学者の思想を要約するに当り、もっとずっと学究的で系統だった研究法をとり入れたことが分る。

『物理学の設立』は、厳密な、荒涼としたといっていいような文体で書いてある。ケーニッヒが、彼女の成果の一部は、自分のものだと熱心に主張したにもかかわらず、この著書は、エミリが同時代のクレイロー、ベルヌイ一族、マイラン、モーペルテュイと肩を並べる資格を確立した。

エミリが、ヴォルテールとシレーで共に過ごした年月は、彼女の生涯において、もっとも生産的な時代となった。ヴォルテールの政治的活動、人気、方々で引用される警句、軽快なおどけぶりは、二人の「哲学者」が、シレー滞在中に行なった熱心な知的活動を、しばしば、影うすくした。ヨーロッパの議員たちの訪問や、ヴォルテールの政治上でのおもいつき的行動によって、よくじゃまされたが、この知的活動は、とくにエミリの側では、真剣なものだった。

この知的作業は多様だった。もし、エミリとヴォルテールが、一緒に仕事をしなかったならば、不可能なものだっただろう。相互の間で知的混合が行われ、互の利益となった。この期間、ヴォルテールよりどちらかというと、エミリのほうが生産的だったが、彼もまた二人の結合から恩恵を受けた。イラ・O・ウェード(一九六九年　二七六頁)は、ヴォルテールの生涯のうちこの期間についてこう書いている。「ヴォルテールの思想の確立におけるシャトレ夫人の貢献は……多大なものです」。さらにつづけて、「『カンディード』(訳註　哲学的諷刺小説)は、もしシャトレ夫人が存在しなかったならば、現在のようなカンディードには、恐らくならなかったでしょう」と。ウェードのみるところでは、「何といっても、『物理学の設立』と、『プリンキピア』の翻訳が、ヴォルテールの知的発展に与えた重要性は、いくら誇張してもよいほどです」。

エミリの夫は、ヴォルテールを好きになり、この三角関係に順応するのに一番協力的だった。しかし、彼は、二人が研究ちゅう守る一日の時間の使い方を嫌い、息子と共に食事をとる方を、しばしば選んだ。シャトレ侯は、妻とその業績を、大変誇りにしていたようだが、彼は彼女がいつも一緒にいることを必要としなかったのは、たしかだ。

シレーの召使で、後に作家になったロンシャンが、そこの生活を描いている（Hamel 一九一〇年 一二六頁）。

「シャトレ夫人は、午前中の大部分を著述に過ごし、じゃまされることを好まなかった。しかし、仕事をやめたときは、同じ女性とは思えないくらいであった。真剣な態度の代りに、陽気となり、最大の熱狂ぶりで、社交の楽しみに夢中になった。世界でもっとも軽薄な女とみられるほどだった。彼女は四十歳だったが、いつも仲間の花形で、もっとずっと若い社交界の婦人たちを楽しませた」。

訪問客の、ブルテーユの修道院長が書いているところでは、客がいない時は、エミリとヴォルテールは、机にしがみついていた。エミリは、昼中ずっと、また夜も大部分、仕事に過ごした。二、三時間しか眠らず、昼間は、一杯のコーヒーを飲むために仕事を離れるだけで、またすぐ仕事に戻った。彼女はいつもふしぎなくらい、健康だった。ヴォルテールは、それほどではなかったが、彼も仕事の奴隷だった。

時々、シレーから離れることもあった。とくに、ポーランドの前王スタニスラスのルネヴィルの宮廷を、よく訪れた。そこで、エミリは、一晩じゅう、ダンス、飲み食い、賭事をやってのけ、しかも、朝食前に数学の問題をとくために起き上がった。彼女は、賭事の常習者だった。しかし、カードで運がついたことは、一度もなかった。ヴォルテールは、彼女の賭事に反対した。彼女はこの（または他の）気ばらしについての自分の気持を、『幸福について』という随筆に表現しようとした。彼女は女が年とった時、残される唯一の楽しみは、研究と賭事と食い意地だと主張した。かけ金の大きい賭事は、「精神をゆさぶり、それを健康に保ちます」と（Mitford 一九五七年 一八八頁）。

エミリが、宮廷人で、へぼ詩人のサン・ランベル侯に出合い、恋に落ちたのは、一七四八年の早春、ルネヴィルでであった。それ以来、彼女の死まで、彼は彼女の心から離れなかった。しかし、彼は明らかに彼女の情熱に報いず、彼女の知的水準には、はるかに及ばなかった。

最初、ヴォルテールは、彼女の盲目的熱情には、少しも気づかなかった。彼女が、サン・ランベルと親しいことを見出したのは、ほんの偶然からだった。彼は憤慨したが、エミリとの間の友情をこわしはしなかった。エミリが、サン・ランベルの子供を宿したとき、彼女が夫をあざむくのを助けたのは、ヴォルテール自身だった。

彼女の生涯のうちでもっとも不名誉な行為の一つに当面し、エミリは、（その目的のために、シレーに帰っていたサン・ランベルとヴォルテールと一緒になって）夫をだまして、その子供は、夫の子だと信じさせた。しかし、シャトレ侯が、彼等の芝居に完全にだまされたかどうかは疑問である。エミリの「秘密」は、当時でさえ、ルネヴィルとシレーの両方で有名になり、友人間での大ゴシップの種になっていたのだから。

侯爵は、いつものように、あいそよく、親切だった。エミリの恐れは収まった。ヴォルテールが、「その子は、父親を要求する権利はないのだから、彼女の『雑多な仕事』の中に分類すべきだ」、といったとき、そのぴりっとした冗談に、笑うことさえできた。

一七四九年六月、エミリは、一緒に研究していた旧友クレローとの仕事を完了した。しかし、ニュートンについての著書は、まだ未完であった。彼女は午前九時に起き、午後十時まで仕事をした。そして、ヴォルテールと軽い夜食をとった。社交的な生活はほとんどやめて、友人にもめったに会わなかった。この仕事を完成してしまおうと決心していた。サン・ランベルに書いている (Hamel 一九一〇年 三六三頁)。「それについて、私を批判しないで下さい。それでなくても罰を受けています。検討するために、これほど大きな犠牲を払ったことはありません。私はそれを〝仕上げなければなりません〟鉄のようなからだが必要だとしても」。その時、彼女は、四十三回目の誕生日に近く、おまけにみごもっていた。

彼女は、ルネヴィルの宮殿で出産したいと願った。このことを、スタニスラスも心よく応じたので、ここで一七四九年の夏を過ごした。彼女の娘はその年九月初めに生まれた。

ヴォルテールのことばによると、その女の子は、母親が机に向って、ニュートンの理論を書いている時に生まれた。新生児は、とりあえず幾何学の四つ折り判本の上にねかされ、母親は、書類をまとめ、ベッドに運ばれた。

数日間は、シャトレ夫人は、元気で楽しそうだった。ヴォルテール、サン・ランベル、夫と、皆、そばにいた。毎日、彼女の部屋に集まり、回復期の彼女のお相手をつとめていた。

しかし、一七四九年九月十日の夕方、エミリは静かに突然死んだ。ヴォルテールは、臨終の彼女のそばにいたが、とり乱し、涙にくれた。彼は部屋からよろめき出て、テラスに通じる外側のドアのところで倒れた。サン・ランベルは、彼のあとに続いていたが、彼を抱き起した。ヴォルテールは、静かに、悲しそうに言った「ああ、君、ぼくにとって、彼女を殺したのは君だ」(Mitford 一九五七年 一七〇頁)。

エミリの小さい娘も、数日後に死んだ。エミリの息子の一人は、もっと早くなくなっていた。長女は、年とったネオポリタン公と結婚した。残った末の息子は、公爵になり、一七六八年から一七七〇年まで、ロンドンで大使として勤めたが、六十六歳で、ギロチン台上で死んだ。彼の息子も、革命の間に死んだ。こうして、エミリの血統は絶えてしまった。ただ、彼女の著書だけが残っている。

彼女の業績については、モザンが、次のように書いている(一九一三年 二〇一頁)。

「すべてを考慮して、シャトレ侯夫人は、数理物理学の歴史の上で、高い地位を占める充分な資格がある。この分野の科学において、彼女よりも優れた女性は、もしいるとしても、ごくわずかだろう。力学の基礎がまだ敷かれつつある最中に、彼女が研究したことを考慮すると、彼女が戦わなければならなかった困難と、当時の人々の間で、自然哲学(訳註 当時よく使われた言葉で、力学を基にして、物理現象の究明をねらったもの）のために、彼女の研究と著書の果した明らかな貢献を、なおよく理解できるだろう」。

数学者として、また科学一般において、彼女の最大の業績は、彼女の『物理学の設立』であり、またニュートンの翻訳である。これは、死後一七五九年に、ヴォルテールの〝歴史的序文〟つきで出版された。これには他に、ニュートンの「宇宙論」ののっている第三巻に関する彼女の一連の数学的分析も含んでいる。またニュートンの理論「すべての三次曲線は、五つの円錐曲線の一つの投影である」に関するクレローの証明についての資料も入っている。

他の研究としては、一七三八年に科学アカデミーに提出した火についての論文と、光学についての原稿がある。後者については、第四部のみ残っている。しかし、この部分から、その論文全体の一般構造を、再現することができる。これらの研究の他、シャトレ夫人は、理神論（訳註 神により創造されたあとの世界は、自然の法則により働くというもの。十八世紀の欧州の自由思想家が説いた）にも興味をもった。とくに、この理神論が、彼女の世紀の科学に関係する点において、彼女は旧約・新約聖書について、批判的に検討したことを基にして原稿を書いた。この原稿はついに出版されなかったが、今、学者は（とくに、ヴォルテールの思想の発展に及ぼした意義について）、それを調査中である。

エミリの『幸福論』――ヴォルテールにより「幸福についての随筆」とよばれたもの――は、倫理学の分野での、彼女の唯一の成果である。しかし、この著書の中で、シャトレ夫人を、生への熱情的愛、恋への愛、研究への愛へと駆り立てた、力と、鋭い知性と、情熱とを、より明らかに知ることができる。

# キャロライン・ハーシェル

Caroline Herschel
(1750～1848)

キャロライン・ハーシェルは、科学史上では、その数学の才能でよりもむしろ天文学上の仕事で、よく名前が引用されている。その天文学上の業績を考えれば、もっともだが、彼女は、両方の分野で認められる資格が充分にある。正式の数学の教育は受けていなかったが、このことは、その業績の偉大さと、確固たる精神の強さを、いっそう強調するものである。

キャロライン・ルクレチア・ハーシェルはドイツのハノーヴァで、一七五〇年三月十六日に生まれた。当時その地方は、まだ英国王の領土であった。父、アイザック・ハーシェルは、ハノーヴァ親衛隊の軍楽隊の一員で、キャロラインの音楽の才能を伸ばすように励まし、彼女はヴァイオリンを学び、コンサートに参加できるくらいの力量があった。彼女の教育のバランスは無視された。読み書きは習ったが、数学にはほとんど接しなかった。母親は、学問に力を入れることには、明らかに反対した。

母親は、勤勉な主婦で、質素で、せっせと働き、感情を表面に現わさない人だった。キャロラインは、母親から愛情を示されたことは、ほとんどなかった。しかし、両親の影響によって、キャロラインと、十一歳年上の兄ウイリアムの、非凡な強い性格が育てられた。

アイザック・ハーシェルは、たえず娘に警告した。美人でもないし、財産もないから、ずっと年とって、本当の値打ちが顔ににじみ出るくらいになればともかく、それまでは、適当な夫を見つけることはできないだろう、と。キャロラインは、従順に父の意見をうけ入れ、その面での期待はまったく持たず、じっさい未婚のままで通した。

一七六七年、父の死後、キャロラインは、世に出て、自立していかなければならなくなった。自分の選べる道を考え始めた。家事はできるし、音楽の教育もいくらか受けていた。しかし、どちらも、就職を保証するものではなかった。もし、刺繍を習いさえしたら、家庭教師としての資格が高くなるかもしれないと、近くの病身の少女に、刺繍を教えてくれるように頼みこんだ。しかし、このことさえ、母親からじゃまされた。母親は彼女に、骨のおれる家事をおしつけたので、稽古は、一日の仕事が始まる前、早朝に行われた。キャロラインが、学校に行きたいという願いは、実用的でなく、必要ないとして許されず、やっと裁縫だけ許された。

最後に救われたのは、前からイギリスに移住していた兄のウイリアムが、「来ないか」といってきたときである。兄は、プロシャ軍隊のオーボエ奏者だったが、退職して、バースに行き音楽の勉強を続け、また天文学を研究していた。家事をしてくれる人が必要だった。しかし、母親は、キャロラインの手助けがなくなることをいやがった。しまいに、ウイリアムが、キャロラインの代りに、手伝いを雇えるだけの一定のお金を送ると約束したので、やっと、母親は、娘を手離した。

一七七二年八月、キャロラインとウイリアムは、イギリスへ出発した。その後五年もたつと、キャロラインの世界は、かなり拡大した。英語を話せるようになり、もっと能率的に家事をやっていくため、会計を習った。近所の人に頼んで、イギリス風の料理と、買物のしかたを教えてもらった。ウイリアムは、妹に、声楽のレッスンを受けさせ、ハープシコードを練習させ、少数の聴衆相手の自分の音楽会に参加できるようにした。キャロラインのひまな時には、兄妹は、天文学を論じた。彼女は、星座に興味を抱くようになった。

イギリスの社交は、キャロラインを困惑させた。バースの社交生活は、春と秋の花の品評会や、大舞踏会が中心だった。この舞踏会は、「大そうすばらしいもので、……ふしぎな女心は、その前後、数か月の間、何かにつけて、それについて恍惚とした想いにふける大事件である」(London Society 一八七〇年 一一七頁)。

こういう行為は、キャロラインのドイツ人らしい性格には、「軽はずみな、気ちがいじみた」ものだった。ウイリアムは、妹が接触するようになった婦人たちの好む社交術を、むりやり教えこんだ。ウイリアムは、また、当世流行のダンスの先生に頼み、キャロラインに正式の行儀作法を教えてもらった。衣裳もすっかり変えてしまった。こういうことが、すっかり完成してから、彼女は、劇場や、音楽会や、オペラなど、公けの場に姿を見せはじめた。

独立したいという彼女の夢は、歌手として招かれることがふえるにつれ、実現されるようになった。オラトリオの中で、独唱部分を歌い、英国で、非常に賞讃された。ウイリアムが指揮する場合のほかは、出演を断わったが、二十七歳になるまでに、人気歌手の位置を確立していた。

ウイリアムの天文学上の仕事は、その頃には、骨の折れるものになっていた。キャロラインは、兄の要求に従って、助手の役をするようになってきた。彼女と弟のアレクサンダーは、ウイリアムの天文学上の研究に必要な星の目録、観測表、論文を、写す仕事を引き受けた。

この時代は、望遠鏡の数は少なく、非常に高価だった。しかも、ウイリアムが望むほど優れた機械ではなかった。彼は、小さな、口径二インチのグレゴリア式反射望遠鏡を使った。より大きい反射望遠鏡を手に入れるのが、困難なことが分ると、自分で設計したものを作製しようとした。手作りで、焦点距離、六フィートの、立流なニュートン式望遠鏡を組み立て、天空全体を観測しようという野心的計画にとりかかった。彼がその上にもっと器具を必要としたとき、キャロラインとアレクサンダーは、鏡を磨き光らせる仕事をした。一七八一年彼は天王星を発見したため、職業が変わってしまった。ハーシェル兄妹は、音楽演奏で、お金をかせぐ必要はなくなった。

次つぎと、幸運な事件が重なり、イギリスの科学界で、ハーシェルが認められるようになった。一七七九年十二月のある晩おそく、ハーシェルは、親切にも、ある知人に、妹と作った望遠鏡の一つを通して、月を眺めさせた。その男は、夢中になり、その光景の偉大さや美しさにうたれ、ハーシェルの研究の強力な後援者となった。ウイリアムを、王立学士院(ロイヤル・ソサイアティ)や、宮廷や、ジョージ三世に紹介した。王は、ウイリアムのパトロンになった。

天王星が、一七八一年発見されたとき、ウイリアムは、王に敬意を表して、「ジョージの星」と名づけた。そのおかえしに、王はハーシェルを、翌年、王室天文学者の地位に任命した。この任命で、年二百ポンドの年給を得た。五年後、キャロラインは、年五十ポンドの給料の助手に任命された。つましい生活に訓練されていたので、この額で生活し、『思い出』に、次のように書いている。「十月に十二ポンド十シリングを受けとりました。三か月毎にもらう最初の給料でした。生まれて初めて、自由に、好きなように使えると思えた金でした」（Herschel 一八七六年 七六頁）。

政府機関のこういう地位に任命された女性は、キャロラインが最初だった。その以前にも、以後にも、こんなに献身的な役人を、こんなに低い価格で獲得した政府は、恐らくなかっただろう。〔原註〕

〔原註〕 一つの例外としてあげられるのは、ジョン・フラムスティードで、やはりイギリスの天文学の先駆者である。王室は、年百ポンド払ったが、その中から自分の観測器を備えなければならなかった。ついでにいうと、一七九八年、キャロラインは、フラムスティードの星の観測の索引に彼の『英国恒星目録』から抜けていた五六〇の恒星の目録と、彼の目録の訂正表をつけて、王立学士院に提出した。

キャロラインは、ウイリアムを助けるため、完全な組織を整えることに努力を集中した。系統的に情報を集め、できるだけ自分自身の能力を高めるようにすることを開始した。頑固な強い決意で、幾何学を学び、公式を集め、対数表を学び、恒星時と太陽時の関係を学んだ。骨折れる計算と、誤差の補正をすべて行ない、すべての記録を保管し、その他の退屈な、細かい雑事も引き受けた。これらは訓練された知的能力を要したが、ウイリアムが、もし自分でやったら、大変な時間を費しただろう。メアリ・トマス・ア・ケムピス修道女（一九五五年　二四一頁）は、キャロラインの仕事について、こういった。「私たちが知る限り、計算のまちがいは、一つも見つかりません。しかも、仕事の量は、恐るべきものです」。

ウイリアムの目標は、夜の可能なかぎりの時間に、空を見張ることだった。キャロラインは、手があいている時は、小さいニュートン式反射望遠鏡を廻転して、空を順次に観察した。たゆみなく観測を続けたことがむくわれ、一七八三年、アンドロメダ座とくじら座の星雲を発見できた。その年の終りまでに、すでに目録にのっていた星雲に、十四個新たに加えた。ウイリアムは、論文の一つに、妹がこれらの発見をしたとつけ加えている。また、感謝の印として、二十七インチの焦点距離で、倍率三〇の小さいニュートン式望遠鏡を、もう一つ贈った。

キャロラインは、彗星を発見した最初の女性だった。一七八九年から一七九七年の間に、計八個の彗星を見つけたことを認められている〔原註〕。

〔原註〕　モザンは、マリア・キルヒについてこう書いている（一九一三年　一七三頁）。「一七〇二年……に彼女は幸運にも、彗星を発見した」。つづけて「しかし、彼女の名は、つけられなかったし歴史家は、ほとんどキャロライン・ハーシェルに彗星を発見した最初の女性という名誉を与えている」と。

彼女の最大の功績の一つは、過去の観測にもとづき、二五〇〇の星雲についての目録と、計算とを表にしたことである。また、フラムスティードの『英国恒星目録』（約三千の星の表）を、天球上各一度の幅の地区に分類し直し、ウイリアムが、前よりもっと系統的に天空を探索可能にした。

一七八八年、ウイリアムは、ロンドンの金持の商人の未亡人と結婚した。キャロラインは、兄の愛情と家事を、イギリス人の夫人と分け合わなければならないことについて、いくらか不安を抱いた。しかし、この心配は、理由のないことが分った。義姉のやさしい暖い性格で、キャロラインの不安は消えた。二人は愛し合い、仲のよい友だちになり、キャロラインが年をとったとき、ハーシェル夫人は、よく助けてくれた。

キャロラインの日記には、当時の、英王室はじめ、名士の訪問が記録してある。王女のソフィアと、アメリアとの交友は、興味深く楽しくはあるが時間つぶしであった。よりまじめな研究のほうをむしろ選びたかっただろう。しかし、王女たちが訪ねてくると、土星とその衛星、月の山山、ミラ・セチの変光星、火星などを、気長に、観察させてあげた。王女たちは、惑星や、その衛星の回転運動や、恒星時について知りたがった。質問ぶりは、活潑だった。ハーシェル一家は、よくウインザー城に招かれた。そこでは、宇宙観についてや、天空中での太陽系の位置などを論じて、長い夜を過ごすのだった。

一八二二年八月二十五日の兄の死は、一生の中で、一番深い傷手を彼女に与えた。ウイリアムは、偉大で、やさしく、親切な人間だった。キャロラインの献身と愛情のすべてにむくいた。兄の親切や魅力(すばらしい話し上手だった)、天文学者としての信じがたいような成功は、キャロラインを喜ばせた。彼女自身の業績に対する賞讃の言葉には、耳をかさなかった。脇役以上にのさばり出て、兄の名声を減らすといけないと心配したのだ。兄ウイリアムのことになると、彼女は自分のことを無視し、病的といえるほどだった。この二人の協力が、非常にうまくいき、ウイリアムは、世界の最大な天文学者の中でも、ユニークな地位を得ることができた。

兄の死後、キャロラインは、イギリスを去り、ハノーヴァに戻った。少々年金もあり、ウイリアムも遺産を残してくれたので、生活できた。ジョージ四世が死去し、ハノーヴァがイギリス王領でなくなってからも、王室一家は、ずっと彼女の身を気づかった。

しかし、彼女の研究は続行した。一八二五年、ゲッチンゲンの王立学士院（ロイアルアカデミー）に、フラムスティードの著作を、彼女は贈呈した。彼の恒星目録には、彼女自身の覚え書を、書きつけておいた。これは、第二巻に、註釈として加えられた。これらは、カール・フリードリッヒ・ガウスに贈られた。ガウスは、礼状にこう書いた。「この本は、それ自身大変貴重なものですが、あなたが、ご自分で、たくさん追記して下さり、もっと価値あるものになりました。私たちの天文台の図書室で、長く最大の宝物といたします」（Herschel　一八七六年　一九五頁）。

キャロラインは、生涯の最後の何十年間をハノーヴァで過ごし、ウイリアムの『天空の観測』の八巻と、二五〇〇の星雲目録を、（甥の使用にそなえて）編集し作成した。甥のサー・ジョン・ハーシェルは、父親と、疲れを知らない叔母の始めた研究を続行した。ハーシェル一家の過去の大量の研究の上に、また、ジョンが、数学・天文学・化学の面で、成果を追加したのを、キャロラインは、生存中に見ることができた。

一八二八年、キャロラインは、ハーシェル一家が発見した、一五〇〇の星雲と多くの星団の目録作りを完了した。このぼう大な貴重な仕事に対して、王立天文学会は、「科学のためになされた、七十五歳の婦人の不滅の熱情に対する驚くべき記念碑」と、賞して、金メダルを贈ることを議決した。彼女が予期したように、この著作は、甥にとって、大変貴重なものとなり、父親の研究を再吟味しはじめ、彼自身の著書『喜望峰での観測』（南半球の星雲と星団の目録　一八四七年出版）の準備をするとき役立った。

八十五歳になって、キャロラインは、王立天文学会の名誉会員に選ばれた。彼女と、メリー・サマーヴィルとが、イギリスにおいて、その科学的業績に対し、天文学会から栄誉を受けた最初の女性だった。王立アイルランド学士院も、また、同じ栄誉を、キャロラインに授与した。また、九十六歳の誕生日には、プロシヤ王は、彼女に、金メダルを贈った。

キャロラインは、九十七歳十か月で死去した。墓碑銘――彼女自身で作った――は、科学への、また輝やかしい兄への、彼女の献身を、後代のために、改めて認めている。ここでさえも、サー・ウイリアムが、栄光のより大きな部分を得るようにと、気遣っている。

ここに憩うは、
　キャロライン・ハーシェル
一七五〇年三月十六日　ハノーヴァに生れ、
　一八四八年一月九日　歿
天に召されし彼女の眼《まなこ》は

下界にては、星空に向いぬ。
自らの彗星の発見と、
兄、ウイリアム・ハーシェルの
不朽の労作への貢献は、
これを、後代のために、証するなり。
ダブリン王立学士院、ロンドン王立天文学会は、彼女をその会員に選びぬ。
九十七歳十か月にて、その知性尚おとろえぬまま、安らかに眠り、
彼の世なる父を追う。
父は、アイザック・ハーシェル
六十年七か月生存し、
一七六七年三月二十五日より、
この傍らに横たわる

（*Scripta Mathematica* 二十一、六月、一九五五年　二五一頁）

彼女が、忍耐強く広い天空を探索したおかげで、サー・ウイリアムは、史上最大の観測天文学者の一人になることができた。彼女は、純粋数学上の独創的研究をしたとはいえないにしても、人類の知識の財産を増大するため、数学を応用してなしとげた貢献については、疑問の余地はない。

# ソフィー・ジェルマン

Sophie Germain
(1776～1831)

エミリ・ド・ブルテーユと並んで、もう一人のフランス女性が、一七〇〇年代の数学界で名声を得ていた。ソフィー・ジェルマンは、物理数学の創始者の一人といわれる。一七七六年四月一日、パリで生まれ、アンブロアーズ・フランソワとマリとの間の娘である。彼女は十八世紀末フランスの、激しい社会的・経済的・政治的闘争の中で成長した。

一七八九年バスチーユが陥落し、パリがひどい混乱状態になったとき、十三歳だった。街には不平満々のパリジャンがあふれ、革命を求め、デモ行進を行ない、食物を略奪し、無政府状態で騒いでいた。ソフィーのような感受性の強い若い娘にふさわしいところではなかった。

ソフィーの家庭は、かなり裕福で、街の暴力から娘を守ることができた。しかし、その代償として、この少女は、長時間、孤独のうちに過ごさなければならなかった。この時間を蔵書の多い父の図書室で過ごした。モンテュシアの『数学史』に書いてあるアルキメデスの死についての物語に出会ったのは、ここでだった。

孤独な若い少女は、アルキメデスが、幾何の問題に夢中になっている間に、無慈悲なカルタゴの兵に殺された運命に、空想をそそられずにはいられなかった。幾何がそんなにも夢中になれるものなら、おそらく、探検する価値があるすばらしいものにちがいないと思い、知的刺激にうえてもいたので、熱心に、この新しい驚異の世界を探求しはじめた。

家族は、断固として、頑強に、その決心に反対した。しかし、激しく反対されても、決意は強くなるばかりだった。数学の勉強は、最大の喜びとなり、家族の抑圧によっても、押えることはできなかった。一人で、教師もなく、父の図書室にあった幾何学に関するすべての本を学んでいった。

両親は、健康を心配し、また、勉強しすぎの若い娘たちについての、よくある途方もない話におどかされて、乱暴な手段をとった。寝室から、あかりと暖房をとりあげ、夜、部屋に引き下がったあとは、衣類をとりあげ、無理に睡眠をとらせるようにした。ソフィーはこの抑圧的なおどしに、従順に従うふりをした。しかし、両親が寝てしまうと、羽根ぶとんに身を包み、かくしておいた予備のローソクを持ちだし、夜中、書物をよみ、勉強した。

朝になって、娘は机にもたれて寝こんでいるし、インクは角製インク入れの中で凍り、石板に計算がいっぱい書いてあるのを見て、両親は、ついに折れ、賢明にも、ソフィーに自由に勉強させ、思うままに天分を発揮させることにした。それは幸運な決定だった。ソフィーは、「恐怖時代」の年月を、やはり教師なしで、微分学の勉強で過ごした。

一七九四年に、エコール・ポリテクニク（パリ高等理工科学校）が、開校した。女子学生は、入学できなかったが、ソフィーは、大変苦労して、いろんな教授の講義のノートを集めた。ラグランジュの解析学に、とくに興味を感じた。課程の終りに、教授に論文を提出するという、新しい画期的な教育方法にしたがって、ソフィーは、その学校の一学生、M・ル・ブランという名を借りて、ラグランジュに、自分の論文を送った。

ラグランジュは、その論文に驚嘆し、その作者の本当の姿を聞き出して、家を訪ね、有望な若い解析学者として、賞讃した。十八世紀におけるもっとも優れた数学者の一人からの、このような激励は、家庭で得られなかった、精神的支えを、ソフィーに与えた。

一八〇一年ガウスは、『整数論研究』という整数論についての名著を出版した。それはガウスの円周等分の理論と、方程式の理論を確立した古典的著書であったが、専門家にとってさえ、読むのにむずかしかった。しかし、その本にたくわえられた宝は、研究するに価いするものであった。ソフィーは、ガウスの著書にたいへん魅せられてしまったので、一八〇四年に、またル・ブランという仮名を使い、自分の数学の研究成果のいくつかを、ガウスに送った。

ガウスは、彼女の報告に興味をそそられ、二人は多くの文通を交わすようになった。ソフィーは、仮名を捨てず、ガウスもその正体を疑ったこともなかった。正体は一八〇七年に知れてしまった。この年、ソフィーはフランス軍が進駐していた土地にいるガウスの安否を気遣い、ハノーヴァを占領した軍隊の指揮官で、家族の友人であるフランスの将軍に、ガウスを守るように依頼した。

このペルネティ将軍の軍隊は、ガウスの家の近くのブレスラウを包囲中だった。ソフィーの依頼で、将軍は、親切にも、ガウスが安全であるかどうかを見に、密使を派遣した。ガウスは無事であることが分った。しかし、ソフィーの名をきいてもよく分らず、ガウスは、そういう人は知らないと言った。M・ル・ブランという人と文通していたのだから。この誤解は、手紙をやりとりして、やっとはっきりした。

ガウスの手紙は、興味深い。というのは、自由主義的な女性観が現われているからである。これは当時としては、とくにドイツの男性としては、稀なことである。こう書いている(Bell 一九三七年 二六二頁)。

「けれども、私の尊敬する文通相手ル・ブラン氏が、このすばらしい女性〔ソフィー・ジェルマン〕に変態したのを見て、私の賞讃と驚きを、どういう風にいったらいいか分らないくらいです。あなたは、私が信じられないくらいの、見事な手本です。一般的に抽象科学を好むこと、とくに数の神秘を好むことは、大変稀です。人は、それに圧倒されます。この崇高な科学の、心を奪う魅力は、それに深く進んでいく勇気をもつ者だけに示されます……私の生涯を、こんなに多くの喜びで豊かにしてくれたこの科学(数学)の魅力が、ばかげたものでないことを、こんなに喜ばしい、明白なやり方で、もっともよく証明してくれたものは、あなたがそれに夢中になるほど好きだということです」。

つづいて、ガウスの手紙は、数学上の諸問題をソフィーと論じている。終りに、風変わりな調子で手紙を結んでいる。

「ブルンスウィックにて、一八〇七年四月三十日　私の誕生日に」

ガウスは、自分の行動には、すべて慎重だった。ガウスがソフィーを賞讃したのは、ソフィーの心くばりへの感謝だけから出たものではなかった。これは友人オルバースあての一八〇七年七月二十一日付の手紙でも証明できる（Bell　一九三七年　二六二頁）。

「ラグランジュは、天文学と、高等数学に、とくに興味をもっています。私も以前彼に手紙で書いたことがある二つの仮説（どの素数に対し、二が、三次または四次剰余であるか）を、彼は『もっとも美しく、証明するにはもっともむずかしいもの』の一つだと考えています。けれども、ソフィーは、これらの証明を送ってくれました。私はまだ充分に検討できないのですが、それは立派なものだと思います。少くとも、彼女は正しい方針で、その問題にとりくみました。ただ、いくらか必要以上に、まわりくどくなっていますが」。

ソフィーの初期の研究の多くは、整数論に関するものだった。しかし、十九世紀に入る頃パリの研究者の関心は、エルンスト・クラドニの研究に集中した。クラドニは、ドイツの（ある人々は、イタリア人という。クーリッジ　一九五一年　二十七頁を見よ）物理学者で、パリに住んでいた。クラドニは、弾性体の表面の振動を研究し、細かい粉をふりかけて、ヴァイオリンの弓ではじをならし、節（振動しない箇所）の線でできる図形に注目した（訳註　粉は振動する所では、とばされ、節の所に集まり、図形ができる。それは音響の図形といわれ、ナポレオンは、音を見せてくれたとクラドニを評価した）。

クラドニの研究は、弾性表面の振動に関する基本的数学法則へ強い関心をよび起した。それに対応する一次元の振動の問題の理論は、すでに進んでいたが、二次元の理論は、まだむずかしすぎて、多くの数学者は研究していなかった。

ラグランジュは、この問題にはよく通じていたが、まったく根本的に新しい解析法で、初めて解決できると考えた。フランス科学アカデミーが、ナポレオンの命令により、「実験結果と対比させた弾性表面の振動の、数学的理論についての論文」のうち最優秀作への賞を提供したとき、多くの数学者は、成功する可能性はほとんどない、こういう消耗的苦行に従事するのを渋った。

しかし、ソフィーは、この問題に心が引かれた。この問題の複雑さに無知で、自信たっぷりだったためか、または（後にソフィーが書いたものを考慮すると、この方が可能性が大きいが、Todhunter and Pearson 一九六〇年一四七〜一六〇頁）若い頃から、障害をのりこえようとすることに馴れていたので、この問題の解決にとりくんだのであった。

一八一一年には、匿名の論文を、科学アカデミーに提出できた。しかし、とりくんだ研究のためには、正規の訓練が明らかに不足していた。ラグランジュは、論文を評価する委員会の一員であったが、ソフィーの、線から面につまり一次元から二次元に移す方法は、正しくて完全とはいえないと書いている。その論文は落された。しかし、それでもあきらめず、もう一回試みた。

一八一三年に、二度目の挑戦をした。今度は、ソフィーの論文は委員会によって、等外賞（賞金はつかない）と決定した。彼女は、この問題に関心を持ち続け、一八一六年の弾性表面の振動についての論文は、賞を受けた。（トドハンターによると、審査員は、ソフィーの証明で完全に満足はしていなかった。理論と観測結果が充分厳密に一致しなかったことは、ソフィー自身も認めていた。トドハンターは、ソフィーが、「オイラーの論文『音の協和』から、正しくないある公式を、充分検討しないで採用した」と、指摘している。この点や、その他の欠点のため、キルヒホフ、ポアソンや、また親友のフーリエにまで、厳しく批判された）（Todhunter　一九六〇年　一四九頁）。

アカデミーのグランプリを得たので、ソフィーは、世界のもっとも有名な数学者のクラスに上昇した。多くの有名な学者、コーシー、アムペール、ナヴイエ、ルジャンドル、ポアソン、フーリエなどがよく現われる数学者のサークルで歓迎された。彼女は、フランス協会（Institut de France）（訳註　フランス協会は、学術、文芸、美術などの振興のために、一七九五年設立されたもの）の公開の会合によばれ、また協会の会議に出席するように招待されたが、これは、この有名な協会が、婦人に与えた最高の名誉だった。

ナヴィエは、振動表面についての論文に示されたソフィーの解析の力に驚嘆して、こう書いている。「この研究は、男性でもほとんど理解できず、ただ一人の女性にしか書けないものです」（Mozans　一九一三年　一五六頁）と。ド・プロニ男爵は、彼女を十九世紀のヒュパチアとよび、ビオはジュルナル・ド・サヴァン（一八一七年三月）に、ソフィーは（シャトレ夫人も含めて）、どんな女性よりも、数学を深く理解していると書いた。

アカデミーに提出した論文の他に、ソフィーは、弾性理論を扱った幾つかの論文を発表した。このうちもっとも重要なものは、弾性表面の性質、弾力、面積に関するものである。もう一つは、弾性表面の問題の解析に使われた、解析理論についてである。また弾性表面の曲率についてのものもある。この最後の論文は、一八三一年死後に発表されたが、それは平均曲率を扱っていた(ここでは、主曲率半径の逆数の総計と定義してある。これはしばしば、平均曲率の二倍である)。ソフィーは、この分野でのガウスの研究を参考にしたが、「彼女が、自分の論文で扱ったものよりも、ガウスの曲率のほうが、はるかに重要なことも、彼女は十分把握していなかった」とかいている人々もいる(ソフィーのこの分野での研究の批判的分析に関心がある人は、Todhunter and Pearson 一九六〇年 一四七〜一六〇頁を見よ)。

弾性理論についての彼女の研究は重要なのに、ソフィーは、整数論の業績で一番よく知られている。この分野では、フェルマの最後の定理 $x^n+y^n=z^n$ が、もし、$x$、$y$、$z$ が奇素数で割り切れないとき、解けないことを証明した(もし、$n$ が一〇〇未満の奇素数なら、その方程式は、$n$ で割り切れる整数解はもたない)。

イタリアの先輩、マリア・ガエタナ・アグネシに似て、ソフィーも、哲学に関心を抱いた。彼女の論文『文化史における様々な時代の科学および文学についての考察』は、美しい文学的形式で、彼女の哲学的見解を示している。

ソフィーは、また化学、地理学、歴史も研究した。これらのどの分野においても、並ならぬ才能と分析的な天分を発揮した。しかし、彼女は、つねに数学上の研究で、もっとよく世に知られている。

数多い文通にもかかわらず、ソフィーとガウスは、会ったことはなかった。しかし、彼は彼女の才能を重視して、ソフィーに名誉博士号を与えるようにゲッチンゲン大学の教授会に、推薦した。しかし、その学位が授与される前に、一八三一年六月二十六日に、ソフィーはパリで死去した。

研究こそ、ソフィー・ジェルマンの全生活であった。他のことには、関心がなかった。最後の数か月は、ついに命を奪った肺癌の激痛にもかかわらず、数学の研究で過ごした。気性と性格は、同国人のシャトレ夫人よりも、アグネシにずっと似ていた。自分の好む場所として、実験室と図書室とを選んだ。サロンや寝室ではなかった。

彼女の肖像は、円熟した表情を示している。男にこびるような態度は少しもなく、軽薄とか華美のかけらもみられない。代りに、明白な、また変らない、誠実さと、威厳が、実に並ならぬ知性をおおっているのが分る。

彼女にもっとも好意的な作家の一人は、こう言っている(Mozans 一九一三年 一五六頁)。

「すべての点からみて、彼女は、おそらくフランスの生んだもっとも深い知性の女性であった。それなのに、ふしぎに思えるだろうが、フランス科学アカデミーの著名な会員たちの優れた仲間で、共同研究者であるソフィーの、死亡証明書を作りにきた役人は、女性数学者としてでなく、『一人の年金受領者』として扱った。これだけではない。エッフェル塔が建立された時、技師たちは　使用材料の弾性には、特別の注意を払わなければならなかったのだが、この高い塔に刻まれた七十二名の学者の中に、この天分ある女性の名ソフィー・ジェルマンを見出すことはできない(彼女の研究が、金属の弾性理論の樹立に非常に貢献したのだが)。このリストから除かれたのは、アグネシが、フランス科学アカデミーの会員として不適格であるとされたと同じ理由からだろうか。つまり、女性であったという理由からだろうか。それはあり得ることである。もし、本当にそういうことだったら、科学にたいへん貢献し、その業績によって、『名声の柱廊』（訳註『名声の柱廊』は、著名人の額や胸像を飾ったニューヨーク大学の柱廊、一九〇〇年創設）に、羨やむべき地位をかち得た者に報いるに、このような忘恩をもってした責任者たちの恥はより大きいだろう。

（訳註　ガウスや、ガウスとジェルマンとの交流については、『ガウスの生涯』（東京図書　ダニングトン著）は、参考になります）

# メアリ・フェアファクス・サマーヴィル

Mary Fairfax Somerville
(1780〜1872)

「イギリスの生んだ最も偉大な女性科学者の一人」と呼ばれるメアリ・フェアファクス・サマーヴィルの数学的才能は、ある幸運な事件がなかったならば、発見されなかったかもしれない。ニュートンやラグランジュの生涯における場合と同様、彼女が数学に接したのは、偶然のことからであった。事実、彼女の天分の発見だけでなく、またその成長においては、偶然のチャンスが重要な役割を演じた。

十五歳頃までは、メアリは、十八世紀スコットランドの呑気な娘として、ごくありきたりの牧歌的生活を送っていた。彼女は目的もなく独りで、バーンティスランドの砂原や丘をぶらぶらしていた。数学という体系の存在などほとんど知らなかった。恐らく、数学が彼女の生活に与えることになった大きな影響を、少しも予測していなかったであろう。

メアリ・フェアファクスは、一七八〇年十二月二十六日、スコットランドのジェドバラに生まれた。彼女の父親サー・ウイリアム・フェアファクスは、英国海軍の中将だったが、よく長期間家を離れた。この留守の間、家族は家計をぎりぎりに切り詰めて暮さなければならなかった。しかし、貧乏ではあったが、両親とも、「家柄のよいこと」を誇りにしていた。

メアリの父は、フェアファクス卿の親類であり、同じ先祖をもち、ジョージ・ワシントンが出たヨークシャーの一族を尊敬していた。彼女の母は、マーガレット・チャーターズで、サムエル・チャーターズの娘であった。彼はスコットランドの関税局法務官で、知識人を自負し、学問もあった。

メアリ自身の話によると（Tabor 一九三三年）、彼女の母親は、聖書を読むことと、お祈りとを教えた。しかし、他のことは「野育ちの動物」のような状態で育てられた。家禽《とり》の世話とか乳しぼりなどの家の手伝いをするほかには、メアリのすることは、何もなかった。しかし、彼女は遊び相手がなく、人形遊びのような子供じみたことは、大嫌いだと言っていた。

バーンティスランドは、静かで古風な小さな港の村で、婦人は、まだ「クリスティー・ジョンストン」に出てくる絵のような衣裳をつけていた。そして、認可された乞食（gaberlunzie men）が、青い上衣にブリキのバッジをつけて、小道を、足を引きずりながら歩き、かみさんから施し物をもらうお礼に最新のうわさ話をささやいた。いわゆる田舎の村で、人々は閉鎖した生活をしていた。

フェアファクスの家は、海岸のすぐ近くに建っていて、その木陰のある大きな庭は、海のほうに下って行き、低い黒っぽい岩が垣となっていて、岩は荒波に洗われていたが、おもしろい海の生物が、いつも群れていた。若いメアリの孤独な時間の多くは、このスコットランドの海岸に沿って、また、彼女の家にやはり接する暗い沼地をよぎって、歩きまわることに費された。こうした探索は、彼女の生涯に永続的影響を与え、自然への関心も育てた。

彼女はもともと本好きではなかったようで、じっさい、十歳まで、ほとんど読めなかった。彼女の教育はかなり気紛れなもので、大体自己流で、でたらめで、貧弱なものであった。長く家をあけて帰宅した父親は、メアリの気ままな生活の結果である、その「野育ち」ぶりに、ショックを受けた。彼はすぐに、彼女をムッセルバラの当世風の女学校に送った。

その学校は、プリムローズ女史という人が経営していたが、彼女は女の子にふさわしい教育のあり方については、まったく頑固な意見を抱いていた。その厳しい規律は、メアリをまったくみじめな気持にした。年とってから彼女の書いた思い出にさえ、ここで経験した恐怖が反映していた。

彼女は、洋服の前の部分につけた鋼鉄のバスク（胸の張り骨）付きコルセットとか肩甲骨がくっつくぐらい肩を後におしつける重いバンドのことを書いている。あごを支える半円形のついた鋼鉄の棒が、コルセットの鋼鉄バスクにとりつけられ、この窮屈な状態で、彼女は授業の予習をしなければならなかった。

彼女の最初の課題は、ジョンソンの辞書の一頁を丸暗記することだった。――単語のつづりを覚え、それらの品詞と意義を述べ、記憶力をもっと訓練するため、その配列の順序を覚えるのである。学校で教えられる平凡なことの中には、彼女の精神を刺激するもの、在学するに値するものは、ほとんどなかった。一年間、ムッセルバラで勉強した後、メアリは帰宅したが、ほとんど何も学んでこなかったので、結局批難されただけだった。しかし彼女は、ふたたび、自由になって、田園生活を楽しみ、花や鳥や動物を調べ、また、家の仕事のひまひまには、少しばかりの蔵書を読みふけることができるようになった。母親は、メアリの読書をとくに気にしなかった。しかし、口やかましいジャネットおばは、がみがみ叱りつけた。このおばは、以前から家族と一緒に暮していたが、その辛辣な話しぶりを、メアリはおそれた。その口調は、こんな具合であった(Tabor 一九三三年 九六頁)。「あきれたもんだ。メアリに本を読ませるなんて、時間のむだづかいだよ。あの子ったら、男の子以上に、縫物もしやしない」。メアリの父は、おばと同意見で、その結果、メアリは退屈な針仕事を学ぶために、裁縫学校に入れられた。

後に、メアリは少女時代の話を、子供たちへの手紙の中に、たくさん書き残している。彼女によると、この頃彼女は、家族には愛されず、彼女自身も、特別、楽しくなかった。退屈し、おずおずして、やや偏狭で、まったく良い運はまわってきそうもなかった。

北向きの屋根裏の窓は、自分の事をあれこれ考えるのに心地よい隠れ場所となった。また、夜、星を観察するのに、好都合な場所であった。これは彼女の成長に強い影響を与えた気晴しであった。

退屈まぎれにメアリは、シーザーの『ガリア戦記』を読めるようにと、ラテン語を独習しはじめた。十三歳の夏、彼女はおじの一人サマーヴィル博士と会ったが、彼は、ウェルギリウスを読むのを助けてくれることになった。彼は優れた教師であったが、二人の間柄は、あまり愉快とはいえなかった。メアリの政治的意見が、おじの、より保守的なものとは異なることが分ったからである。彼が自由党をあまりにも激しく頑固に批難したので、その反動で、メアリは、自由主義者になってしまった。おじの反動的なトーリー党的政見のおかげで、彼女は女性や女子教育について、より啓蒙的な態度をとるようになった。後に、彼女はよく、これらの不公正についての意見を語り、女性の権利のために積極的に活動した。

メアリの家庭は、短期間、エジンバラに住居を持った。この移転で、彼女は、算数や書き方や、ピアノを学び、ラテン語の勉強を続ける機会を得た。しかし、一家がバーンティスランドに戻ると、これらの勉強は中断され、十代の半ば頃になると、彼女はもっと痛切に、教育の必要を感じ始めた。彼女の家族は伝統にしばられ、そういう考えを恐れて、強く反対したので、彼女は社交的活動や家事の技術を学ぶことで、時間を過ごすほかなかった。

ありそうもないことだが、彼女が、代数の記号をはじめて見たのは、バーンティスランドのあるティーパーティで、メアリが友だちと、何となくファッション雑誌をめくっていた時だった。その記号は、彼女の興味を刺激した。この話は、メアリ自身の言葉で一番よく語られている(Tabor 一九三三年 九八頁)。

「その雑誌の終りに、私にはただの算数の問題のように見えるものを私は読みました。しかし、ページをめくると、文字、主に$x$と$y$とがまじった奇妙な行があるので驚きました。それで、「これは何なの?」ときいてみました。

「ああ、それは一種の数学よ」と、友だちが答えました。「代数というのよ。でも、私はそれについて、何にも説明できないわ」

それから、私たちは、他の話題に移りました。けれども、帰宅してから、すぐ家の本の中に、代数とはどんなものか教えてくれるものがないかさがしてみようと思いました」。

不幸にも、彼女の家の蔵書には、この魅力的な新しい問題についての本は、何もなかった。しかし、彼女は、ロバートソンの『航海術』についての本で、新しい挑撥的な知識を彼女に示してくれるものを見つけた。この書物の中には、彼女には理解できない部分もあった。しかし、それらの文章でさえ、一抹の期待をもたらし、偶然知った奇妙な代数記号と、見馴れない語句について、もっと知りたいという決意を強めるのだった。

しかし、助けてくれる人はだれもなかった。知人にも、親類にも、だれ一人科学や博物学の知識のある者はなかった。後に彼女が言ったように、もし彼等が、そういう知識を持っていたとしても、彼女は彼等に教えを乞う勇気は出なかったであろう。彼女の努力は嘲笑され、馬鹿な、役にも立たない夢想家として片づけられ、いや、もっと悪ければ、彼女の目的をくじくために、いろいろ策を講じられたであろう。

しかし、幸運がまた彼女に訪れた。それもまた思いがけない時と場所であった。彼女はネイスミスアカデミーに、絵画とダンスを習いにやられていた。ここで遠近画法の議論中、校長がある男子学生に、ユークリッド（エウクレイデス）の『幾何学原本』を学ぶとよいと助言するのを耳にはさんだ。校長は、この本を遠近画法と機械学の基本であると考えていた。この偶然の意見は、メアリにユークリッドの重要性を知るきっかけを与えた。しかし、彼女の前には、勉強するための一冊の本を手に入れるのにどうするかの難問がまだ控えていた。本屋に若い娘が入って行って、ユークリッドを一冊くれというのは、許されないことだった。また彼女は家族の激しい、容赦ない反対に対して技巧をこらすことがあまりにもできず、ひどく感じ易くて、伝統をそれ以上あなどることはできなかった。しかし、あらゆる面からの絶望的な制約にもかかわらず、これらのちょっとした二つの偶然のチャンスとの出会いは、知識への自発的な探求への多難な出発を運命づけることになった。その知識は、メアリ・フェアファクス・サマーヴィルを、その時代の一流の学者に仕上げたものである。

彼女は、一冊のユークリッドを、彼女の一番下の弟の家庭教師であるガウ氏から、ついに手に入れた。弟が勉強を習っている部屋で、彼女は、ある日たまたま、縫い物をしていた。弟がある問題の解答にまごついていた時、彼女は無意識に、答を教えてやったので、教師はたいへん驚いた。この紳士は、メアリの注意は、完全に膝の上の針目に集中していると思いこんでいたのである。しかし、彼女がすでに、本当に数学の基本をいくらか把握していることが分ると、親切にも、彼女に協力して、ユークリッドの第一巻の問題を証明した。教師自身の数学の学力は、ごく限られたものであったが、メアリは彼から充分学びとり、あとは自力で続けることができた。定理を暗記し、毎晩ベッドで復習した。

母親は、そのような異常な行動に胆をつぶし、恥じて、召使たちに、メアリのロウソクをとりあげるように命じて、彼女が夜、勉強できないようにした。しかし、この頃までには、メアリはユークリッドの最初の六巻まで終っていた。モザンによると(一九一三年　一五八頁)彼女はこう言った。

「それで、私は記憶をたよりにするだけでした。また、第一巻からはじめ、頭の中で証明しながら、全部終るまでやりました。父はわずかな期間帰宅し、どうしてか、私の状態を見破り、母に言いました。「おまえ、これは止めさせなければいけない。でないと、今に、メアリは狂ってしまうよ」。近所に「経度」に凝って狂ってしまったXという人がいたのです」。

一八〇四年、いとこのサムエル・グレイグと結婚して、メアリは数学の研究をもう少し自由にすることができるようになった。しかし、夫には、この趣味はあまり気に入らなかった。彼はどんな科学も知らず、学問のある女性への評価は実に低かった。

この結婚で二人の息子が生まれた。一人は幼い時に死亡し、もう一人のウォロンゾー・グレイグは、後に法廷弁護士となり、中年まで生き延びた。メアリは一八〇七年に夫をなくした。結婚生活はたった三年間で、二つの死がつぎつぎに続いたので、残された彼女は気が沈みがちで、数年間は健康もすぐれなかった。

彼女は、バーンティスランドにもどり、生れてはじめて経済的にも独立したので、自由な気持で、熱心に数学と天文学の勉強を始めた。

この時までに、彼女は平面・球面三角法、円錐曲線、J・ファーガスンの『天文学』を自分でものにしていた。彼女はまた、ニュートンの『プリンキピア』を学ぼうと試みたが、はじめて読んだときは、非常にむずかしいと思った。

彼女が、一般向け数学雑誌に出た懸賞問題に応募し答を出し、当選した後、その雑誌の編集長が何かと助けてくれた(彼女が、ディオファントスの方程式についての懸賞問題を解き、名前を刻んだ銀メダルをもらったとき、この雑誌に公表されたのが、彼女がはじめて公に認められた成功であった。彼女の論文の全文が、このとき印刷されたかどうかについてはやや疑問があるが)。その編集長に、彼女は数学を独学で研究していく決心を打ち明けたが、彼は親切で、研究の基本的コースについて助言してくれた。数学の確実な知識を得るのに必要な古典的書物の名を並べてくれたのである。これらを手に入れた彼女の喜びようは、感動的といっていいほどであった(Tabor 一九三三年 一〇七頁)。

「このすばらしいささやかな蔵書を買い求めたとき、私は三十三歳でした。はじめて『代数』という神秘的な語を見た日をふりかえり、ほとんど希望もなく、耐えてきた長い年月を想うと、こんな宝を手に入れるなど、まるで夢のようでした。それは決して絶望するなということを教えてくれました。私はもう学ぶ手段をもっていました。私はますます勤勉に研究を続けました。隠すことはもうできませんでしたし、隠そうとも思いませんでした。私は変り者で、馬鹿だといわれました。私の行動は、多くの人々に、とくに私の身内の何人かからは、ひどく批難されました。彼等は、私が彼等をもてなし、楽しい家庭を作ることを期待したのに、その点で失望したのでした。私はまったく独立していたので彼等の批判は気にかけませんでした。一日の大部分、私は子供の世話をし、夜、勉強しました」。

一八一二年、彼女は別のいとこ、ウイリアム・サマーヴィルと結婚した。そして、やっと、彼女の勉強が周囲によび起した、広範なきわめて激しい批難にやっと気付いた。彼女の夫の姉妹の一人は、ずけずけとメアリがあの馬鹿げた暮し方を捨てて、立派な、役に立つ妻になってほしいと、書いてよこした(Tabor 一九三三年 一一〇頁)。

幸いなことに、身内の全員がこうした気持を持っていたわけでもなかった。夫、ウイリアム・サマーヴィルは大変開けた人で、一流の学者で、立派で、洗練され、伝統にとらわれなかった。彼は妻の研究を、それ以上はできないくらいに、非常に助けてくれた。彼女が本を書き始めると、彼は図書をさがすとか、校正を見るとか、原稿を調べたりして、手伝ってくれた。

サマーヴィル博士は、外科医であった。一時、軍医総監であった。結婚後、初め数年間は、夫婦はロンドンやスコットランドに居住した。ロンドンの家は、英国王立科学研究所に近かったので、そこでメアリは研究を続けることができた。

サマーヴィル博士は、英国政府のため、信頼できる任務を果していたので、二人は活気ある知識人のグループに接することとなった。メアリは、ピエール・ラプラスと知り合い、天文学と微積分学を論じ合った。またジョージ・キュヴィエと、ペントランドを知り、彼等の探検や報告は、後に、彼女が地質学の著書の準備をするとき役立った。また、イギリスやヨーロッパ大陸の一流の天文学者と知り合った。その一人、サー・エドワード・パリは、北極の小島に彼女の名をつけた。サマーヴィル夫妻の友人には、次のような人々がいた。ネイピア家の人々（サー・チャールズ）、キャロライン・ハーシェル、ウイリアム・ハーシェル、ホェウェル博士、ブローガム卿、ゲイ・リュサックなど。

一八二六年メアリは、王立学士院に『太陽スペクトルの紫外線の磁性の特性』についての論文を提出した。彼女は、この論文に最初の結婚の時代からとりかかっていたのだが、この複雑な題目に取り組むには、大変限られた条件のもとに研究しなければならなかった。充分に正式の教育を受けなかったし、適当な設備のある実験室もないということは、彼女の論文の出来栄えにも反映した。その論文は多くの関心と注目を集め、また、その独創性に対して、賞讃されたが、その論文が提起した説は、後に、モーザーとリースの研究により、鋭く反論された。

一八四四年サマーヴィル博士の病気のため、二人は、パリに行き、その時から、一八六〇年、彼が死ぬまで、彼等は大体、大陸で過ごし、その間に、時々イギリスに戻った。

この頃までには、メアリの評価は、友人間に確立していた。一八二七年ブローガム卿は、「有用な知識を普及させるための協会」のために、メアリの夫にあて手紙を送り、メアリに、二つの本を書くように説得してくれと依頼した。二つの本とは、一つは、ラプラスの『天体力学』についてで、もう一つは、ニュートンの『プリンキピア』(原文はラテン語）についてである。

ラプラスの『天体力学』の最終巻は、一八二五年に出版された。その中で、彼は、引力についての何世代かの輝かしい数学者たちの研究を要約した。ラプラスは、太陽系の天体の運動を広範囲にわたり説明しようとした。少なくとも、この目的のための、方法を公式化しようとはじめたのであった。

当時、イギリスの学者たちは偏狭だった。ニュートンの成果による勝利感から自然に育った国家的プライドにより生じたものである。ブローガム卿は、この偏狭と自己満足を破ろうと試みていた。モーペルテュイとヴォルテールが、前世紀にフランスで行なったと同じような試みだった。イギリスの科学(とくに数学)は、サー・アイザック・ニュートンおよび彼と関係していた学者たちが世を去って以後低調であった。知識人の幾人かは、大陸の科学者たちの仕事やその方法にもっと接触する必要を感じていた。

ブローガム卿は、サマーヴィル博士に書き、彼の力で妻を説き伏せて、助けてくれるよう要望した(Parton 一八八三年 三七二頁)。

「お願いしたいことは、あの優れた著書を解説して、それを学んでいない者に、その著書がどんなものかを説明することです。つまり、構想、偉大な価値、明らかに公式化されたすばらしい真理を示し、またこれらすべての成果をあげるのに利用された微積分学も説明することです。また、少し学んだ者には、より深い理解を与えることです。……イギリスでは、本の名前でさえ知っている者は、二十人もいません。私は、サマーヴィル夫人が、この数に二個の零を加えることができると確信します。このお願いに協力して下さいませんか」。

ブローガム卿は、また、わざわざ自分で訪れてきて、メアリがイギリスの読者のために、これらの名著の大衆向け解説を作るように、強く依頼した。彼女は、自分がそのような課題を引受ける資格があるかどうか不安をもった。もし、うまくいかなかったら、原稿は破棄してほしいし、それまでずっと彼女の仕事は秘密にしておくという条件付きでその仕事を受諾した。彼女がそろそろ五十歳近かったこと、正規の教育はほとんど受けていないこと、本を出版した経験がないこと、申し込まれた企画は、事実、非常に困難な仕事であったことを考えると、彼女が不安を抱いたのも理解できる。

以上、いろいろな制約がある上、家族はふえていたし(当時三人の娘の母親だった)、その他、いろいろな束縛や用事で時間がとられた。そのことを彼女は書いている(Tabor 一九三三年 一〇六頁)。

「私は早く起きて、子供たちのことや、家事を片づけ、その後で書く時間をとろうと考えてみました。しかし、いろいろとじゃまが入りました。男は仕事だといえば、時間はいつも自分の思い通りに使えます。女には、そんな理由は許されません。チェルシーでは、私はいつも在宅していると思われ、友だちや知人が会いに来ました。彼等を迎え入れないのは、不親切だったでしょう。しかし、むずかしい問題にとりくんでいる最中に、だれかが来て、『しばらくおじゃまします』といわれると、時にはがっかりしました」。

その仕事を完了するためには、彼女が奮い起すことができるすべての忍耐と能力と決意と計画的な処理とを必要とした。しかし、彼女が出版した著書は、ブローガム卿が依頼したとき思い描いていたただの分り易い翻訳以上の優れたものであった。彼女の著書には、ラプラスの見解に加えて、メアリ自身のたいへん貴重な独自の意見も書いてあり、ブローガム卿は（またサー・ウイリアム・ハーシェルは）、彼女の書いたままに受け入れた。

メアリは、自分の著書に『宇宙の機構』と名付けた。宇宙の力学的原理、惑星や月の理論、また木星の理論、その他関連する問題点を、全般的に解説した。彼女の翻訳と註釈は、分り易い語句で書いてあり、数学や微積分学をほとんど、いや何も知らないふつうの人たちにも理解できた。この解説的機能は、彼女にとり重要なものだった。彼女はその著書の範囲と目的についてこう語った（Proctor 一八八六年 五頁）。

「物理的な天文学についての完全な知識は、数学と力学を、最高水準まで精通している人人だけが得られるもので、そしてまた、彼等だけが、その天文学の成果の最高の美と、それに達するまでの手段を理解することができます。けれども、一般的なあらましをたどり、その体系の様々な部分の相互関係を知り、どういう手段によってもっとも良いいくつかの結果に到達したかを理解するに十分なだけの解析の能力は、一般の人々の手の届く範囲内のことです。この人々は、むずかしさに胆をつぶして、その仕事から尻ごみしますが、そのむずかしさは、学問のあらゆる部門の基本の研究に伴う困難以上のものではありません。また彼等は、発見するのに必要な数学的知識の程度と、他の人のしたことを理解するのに必要な知識の程度との区別をあまりせずに、そのむずかしさを過大評価しているのではないでしょうか。数学の研究と天文学へのその応用は、たいへん興味深いものです。そのことは、それらの追求に時間をかけ、熱中した人々すべてが、理解できるでしょう。彼等だけが、真理に達する喜びを評価することができます。それが一つの世界の発見にせよ、数の新しい特性の発見にせよ。」

ラプラスの『天体力学』のメアリによる翻訳は、彼女の数学に関係した著書の中で、もっとも有名だった。一八三一年『宇宙の機構』を出版後、彼女は当時の科学ライターの中で、第一級にあげられた。ラプラスは、彼女は彼の仕事を理解した唯一の女性であると感想を述べた。ポアソンは、全フランスに、彼女の著書を理解できる者が二十名いるかどうか疑わしいと言った。その他多くの栄誉が彼女によせられた。英国王立学士院は、大ホールに置くために彼女の胸像を、チャントリーに注文した。王室下賜年金が支給された。彼女の著書は、ケンブリッジで優秀な特別コースの学生のための必修教科書になった。

彼女の親友のウイリアム・ホェウェル博士（トリニティカレッジの有名な学長）は、ケンブリッジから、こう書いてきた「サマーヴィル夫人は、われわれ数学者が一生努力している分野で、頭角を現わし、われわれを赤面させる」(Tabor　一九三三年　一一二頁)。

メアリは次に、その数学の才能を、『自然科学間の関係』——自然現象の研究の要約——を、書くことに向けた。この本は、一八三四年に出版され、何度となく版を重ねた。ジョン・カウチ・アダムス——海王星発見者——は、この本の中の一つの文章が彼に海王星を探そうというアイデアを起させたと、後に彼女に語った。海王星そのものが発見されない以前に、天王星の説明不能な運動から、海王星の軌道、質量、大きさは、すべて計算されていた。

メアリはまた『地質学』（この本のために、彼女は、ヨーク寺院での説教で、反撃された）と、数学の個々の問題についての難解な論文の幾つかを書いた。その一つは、「高次の曲線と面について」で、後に彼女が言ったように、南イタリアで、冬を過ごしている間に、朝のひとときを過ごすために、Con Amore（愛と共に）書かれたのであった。

メアリ・サマーヴィルは、本来数学者だった。彼女の多くの仕事は、その周辺の科学のテーマについてだったが、彼女はよく、数学と美と論理を特別の感情をこめて語った。彼女は、数学を実用的な意味で利用するという希望と野心に縛られていた。アメリカの幾何学者ジュリアン・クーリッジが指摘したように(一九五一年　二五頁)、彼女の頭脳は生れつき数学に向いていたのだから。

彼女に残されたたった一人の息子の死（一八六〇年）と、続く一八六五年の夫の死は、彼女の心を取り乱した。彼女は八十一歳であった。家族の多くは、世を去ってしまった。頭はまだしっかりしていて、活動的であったが、日々は孤独で虚しかった。娘に勧められて、彼女は、新しい仕事にとりかかった。

『分子と顕微鏡による科学』は、一八六九年に出版された。八十九歳の時である。化学と物理の最新の発見の摘要であった。その他の仕事の中には、出版されなかったが「地球の形と回転」など、物理に関するテーマの論文がいくつかある。『宇宙の機構』出版後、ポアソンが、この地球の研究を彼女に勧めていたのであった。また『海洋と大気の潮汐』も書いた。

彼女がこれほどの業績をあげ、栄誉を受けた後は、若い時代に彼女を妨害した偏見や、失望させるような反対は終ったと思うかもしれない。しかし、そうはならなかった。

彼女は生涯の最後の二十五年間を、イタリアで過ごした。彼女の夫の健康のために移ったのであった。この「亡命」で、彼女はまたも失望を味あわなければならなかった。これについてリチャード・プロクター(一八八六年　一三頁)は、こう述べている。

「彼女の友人たちにとり、すべての人々の中で、よりによって、サマーヴィル夫人が、一八三四年の珍しい彗星を見ることを禁じられたことは、まったく悲劇的な事件と感じられた。その事件は、彼女の亡命状態のすべてを象徴していた。彗星を見るのに必要な望遠鏡を備えているイタリアで唯一の天文台は、ジェスイット派の施設の中にあったが、そこには女性は立ち入り禁止であった。彗星の見える時刻に、彼女の心は、故国スコットランドをなつかしんだ。知性は、気のあった仲間のいるロンドンにあこがれた。彼女はすぐ近くにある大望遠鏡をのぞくのを妨げられた。その障害さえなければ、見られたはずのものを残念に思いながら、彼女は空を見上げた。彼女の性格は穏やかで、耐える習慣が一生身についてはいたが、彼女は大変、苦しんだ。一方、友だちの多くは、その犠牲に対し憤慨した」。

メアリの遺したものをまとめると、四つの専門論文と、いくつかの報告とが主なものといえる。第一の論文は、先にも述べたが一八一二年の『ディオファントスの代数』についての懸賞問題の解答のことであり、この論文で彼女は銀メダルを授与されたが、これが公表されたかどうかは、はっきりしない。

実験を基にした二つの初期の彼女の論文は、出版され、かなり重要なものである。一つは、『屈折する太陽光線の磁力』についてで、一八三六年ロンドンの王立学士院の会報（(Philosophical Transactions 一二六巻）に発表された。第二の論文は、『異なる媒体を通る太陽スペクトルの化学線の伝導について』で一八三七年に雑誌(The Edinburgh Philosophical Journal 二十二巻）にのせられた。二つとも、みごとな実験技術、秀れた方法論、記録の明快さの点で、重要なものである。

彼女の『宇宙の機構』は、彼女の著書の中で、もっとも世に知られている。しかし『自然科学間の関係』(一八三四年出版）も、大変人気があり、英米で何版か重ねられた。その序文の中で、彼女は、「物質界を支配する法則をわが国の女性によりよく知ってもらうこと」を、目標としたと述べた。この目的が達成されたかどうかは、疑問だが、彼女の著書は、たしかに、初心者にとって重要な自然科学への手引書となった。それは彼女の持ち前の分り易い文体で書いてあったからである。また同時に、より進んだ研究者にとっても、信頼されるだけの十分の権威があった。ある批評家たちは、イギリスで当時までに出版されたものの中で、もっとも秀れた自然科学概観であるといった。

『地質学』は、この問題について英語で書かれた最初の重要な本である。メアリは、その論文の発表については、サー・ジョン・ハーシェルの助言に従った。彼女の著述は家族の旅行で中断された。カール・ヴィルヘルム・フンボルトの『コスモス』(宇宙）が、彼女の著書のできる前に発表され、彼女は自分の原稿を破棄しようとしたが、夫とサー・ジョンはそれを思い止らせた。この本が六版まで出たことは、この点で彼等が正しかったと言えるだろう。この本は、メアリの広範な知識と同時に、組織力と集中力の、並み並みならぬ才能を反映している。『分子と顕微鏡による科学』は、彼女の著書の中では、一番知られていない。その重要性の主な点は、彼女が顕微鏡科学の勝利として、植物と動物の生活史を示そうとした試みにある。

メアリは、イギリス人に数学と自然科学の発展への関心を喚起するために努力していた科学者のグループに属していた。彼女の著書は、複雑な数学と、むずかしい用語からうまく脱け出していて、すっきりしていた。彼女自身若いとき苦労して学んだために、他の人々が科学書を理解するのにじゃまになる原因になるものが、よく分っていたからである。

メアリ・サマーヴィルの長い生涯は、非常に秀れた体力に恵まれ、晩年は読書と研究と著述に費やされた。死去する時、彼女は幾つかの仕事をやりかけていた。その中には、四元数についての著書があった。また『差分の理論について』の本を再吟味していた。九十二歳で死ぬその最後の日まで、彼女は数学の研究を続けていたのである。

彼女は生存中、また死後においてもいろいろな栄誉を受けた。王立地理協会のヴィクトリア金メダルが、一八六九年に贈られ、同じような栄誉が、イタリア地理協会からも与えられた。死後、オクスフォードに現存する五つの女子大学の一つのサマーヴィル・カレッジの設立に当たり、彼女の名前がつけられた。また、彼女を記念して、オクスフォードの女性数学者へのサマーヴィル奨学金が設けられた。

メアリ・サマーヴィルの仕事を判断するとき、彼女の条件の悪さのために、寛大にしたくなる。しかし、感情をはさまないでみると、とくに初期の仕事では、厳正で完全な正規の数学教育が不足していたため、不利であった例証がたくさんあることに注意しなければなるまい。後年の著作物は、彼女の能力と数学による研究手段を完全に修得したことを示している。しかし学術的には、これでも偉大ではあるが、より恵まれた条件のもとにいたら、もっと秀れたものを生み出したであろうと思われる。彼女の若い時代の、活気ある生産的な年月は、むだにされたのである。

彼女が経験した窒息するような偏見は、高価な代償を必要とした。彼女は自分でも認めていたように、彼女の精神のすべての力を発揮することを妨げられた。数学のどの部門の研究も、彼女の理解力をこえるものでなく、知的把握力で、彼女以上の者はほとんどいないと、彼女の同時代の人々は主張した。

しかし、独創的な仕事に非常に必要な、厳しい訓練と専門的教育を、彼女は不幸にも受けられなかった。しかし、これは彼女の業績を弁護しようとしていうのではない。メアリ・サマーヴィルの仕事に、その必要はない。こう述べるのは、むしろ、読者に彼女の仕事の傾向をよりよく理解させ、また、このすばらしい女性の能力と活気を、よりよく分らせたいからである。

ソーニャ・
コルヴィン-クリュコフスキイ　コワレフスカヤ

Sonya Corvin-Krukovsky Kovalevskaya
(1850~1891)

十九、二十世紀の間で、女性の間で目立つ輝かしい数学の天才は、たぶん、一八五〇年一月十五日、モスクワに生まれたロシア人、ソーニャ・コワレフスカヤである。〔原註〕彼女は非常に強い性格だが、反面たいへん傷つき易い女性となる宿命をもち、彼女が数学上に残した跡は、永続的なものである。

〔原註〕 彼女の生年については、多少疑問がある。ある人は、彼女は一八五三年に生まれたという。この本にあげた生年は、彼女の親友アンナ・シャーロッタ、カジャネロ公夫人(Leffler 1895)による伝記にもとづいたものである。伝記作家によっては彼女の名前の綴り方もいろいろ違う。この本では、綴り方も、同様、アンナ・シャーロッタの用いたものにした(訳註「人名」「論文題名」など、『コワレフスカヤの生涯』東京図書をだいぶ参考にしました。関心のある方は、読まれると参考になる本です)。

彼女は、権威主義・家父長主義の家庭に生まれた。父は誇り高く規律正しい人で、不機嫌な時は、クリュコフスキイ家全体を、恐怖で麻痺状態にするほどだった。ロシヤ軍の将校で、軍務の都合で家族をしばしば、移転させなければならなかった。ソーニャが、六歳の頃、クリュコフスキイ将軍は引退した。家族はパリビノにある豊かな領地に行き、定住することになった。クリュコフスキイ家は、ロシアの辺地に住むことになった。そこはリトアニア国境近く、冬の寒い夜々、狼が家のまわりで吠えるところで、好奇心の強い子供にとって無限の静かな時間が流れた。

ソーニャ(時にソフィアと呼ばれた)は、パリビノの子供時代の思い出をもとにして、魅力ある文を書き残している(Leffler 一八九五年)。なつかしさと郷愁の念をもとにしたこの子供時代の記録は、彼女の性格の複雑な性質と、彼女を形成した心理的原動力を、読者に充分理解させてくれる。

彼女は三人姉弟の真中で、まだ幼い時に、彼女の尊敬する姉アニュータと、弟のフェージャが、両親の愛情を彼女から奪いとっている(本当かどうかは別にして)と、確信するようになった。この深い傷跡は固定し、ソーニャの記憶の中にいつも存在した。彼女をちぢこませ、生活の安定を乱し苦しめる不安感で満たした。

権威主義的な育てられ方にもかかわらず(またはそのために)、ソーニャは、時どき、驚くほど、だらしがなかった。彼女は強い意志を持ち、一方、時には過度の愛情と、驚くほどの嫉妬の情に悩んだ。彼女の並外れた個性、緊張感、気紛れは、他の人々と調和して暮らしていくのを困難にした。彼女は、よく、人間の能力以上の献身を友人たちに要求した。彼女のむら気は、彼女を愛した人々にとってさえ、重い負担になった。

ソーニャの家系には、数学の才能が伝統的にあった。「数学の遺伝子」の理論の信奉者は、彼女が、自分の数学の経歴を作り上げるにあたり、「第一歩」から始めたことを、疑問に思うかもしれない。彼女は、祖父のフョードル・フョードロウィチ・シューベルトから、才能の遺産をゆずられたのだろう。彼は立派な数学者で、一時ロシア軍の測地隊隊長だった。その父、ソーニャの曾祖父は、より有名な数学者で天文学者だった。

彼女の著書『子供時代の思い出』の中で、彼女は、おじのピョートルと交した長い「科学的談話」のことを語っている。彼自身は、正式の数学教育は受けなかったが、数学に深い敬意を抱いていて、この敬意の念をソーニャに伝えることができた。彼女はこのおじから、「円と同面積の正方形を求める円積問題のような観念とか、漸近線——曲線がそれに限りなく接近するが、決して交わらない線——について、また、その他同じようないろいろなこと」について、聞いたことを書いている。「その意味をもちろんまだ理解することはできませんでした。しかし、それは、私の魂を刺激しました」と(Leffler 一八九五年 六五頁)。

もう一つ彼女を数学の研究に引きつけたものは、パリビノの子供部屋に使われた一風変った壁紙だった。古い屋敷のすべての部屋の壁紙を新しくするに十分なだけの紙が送られてこなかったとみえ、次に紙がくるまで、一つの部屋だけはりかえることができなかった。この間に、この部屋だけ、ありあわせの紙で、仮りにはった。ソーニャは、この古い紙の与えた影響を語っている(Leffler 一八九五年 六六頁)。

「幸運にも、最初に壁にはられた紙は、父が若いとき使った、オストログラツキイの微分積分学の講義用の本で、石版刷りの紙でした。

これらの紙には、不思議な理解できない公式が点在していて、私の注意をたちまち引きつけました。私は今でも覚えていますが、子供の時、その神秘な壁の前に何時間も過ごし、一つの言葉でもいいから解こうと思ったり、その紙がどう続くのか、もとの順序をさがそうとしました。長い間、毎日、見つめていたおかげで、これらの公式の多くの形は、私の記憶に、はっきりと刻みこまれ、本文さえも、私の頭に印象深く残りました。それを読んだときには、理解できなかったのですが。

何年か後に、十五歳の娘になって、ペテルブルクの有名な数学の教師、アレクサンドル・ニコライウィチ・ストラノリュプスキイから、微分学の最初の授業を受けたとき、彼は私が、その語句と導関数の観念を、『以前から知っていたかのように』たちまち把握し吸収するのに驚きました。本当にこの通りに、彼が言ったのを覚えています。じっさい、彼がこれらの概念を説明しはじめた瞬間、私はすぐに、またはっきりと、これはみな、オストログラツキイの頁にあったことを思い出しました。それを私はよく覚えていて、空間の概念は、私にとってずっと前からなじみのもののように思えました」。

ソーニャは、数学と同じくらい、文才にも恵まれていた。彼女はこの両方の間を行ったり来たりしていた。終りには、両方をやろうとした。姉のアニュータは、十代の時に、フョードル・ドストエフスキイの編集していた大衆雑誌に短篇をのせた。それで、彼と親しくなり、彼はソーニャとアニュータをモスクワに住んでいたヨーロッパの知識人のえりぬきのサークルに紹介した。

父はソーニャがペテルブルクの海軍の学校で、ストラノリュプスキイに、数学を学ぶのを、しぶしぶ許したが、彼女がこのとほうもない学問を、自分の一生の仕事として追求することについては、まだ心を決めかねていた。彼の反対のほか、彼女の勉強には、もう一つ重大な障害があった。ロシアの大学は、女子学生には、門戸を閉ざしていた。また、ソーニャが、おずおずと外国の大学での勉強をちょっとでもいいかけると、若い娘にとってとんでもないことだと、きびしいお説教をくらった。

当時ロシアでは、世代間の断絶は、ますますひどくなっていった。とくに貴族の家庭では、学問のある若者たちは、反抗的となり、大変純粋で、賢く、向う見ずだった。若者の異端的見解に直面し困惑した両親は、敵意を抱き、前よりも強圧的になった。そして堕落した仲間では、青年たちは、両親の圧迫を逃れるため、いっそうひどい方法を考え出した。

ソーニャとアニュータは、この世代間の闘争にまきこまれた。同じ状態が、ロシア全土の数百の若い娘たちを苦しめていたから、彼等がやろうとした策略は、一般によく行われたものだった。何とかできる者にとって簡便な脱出法は、旅行する自由を得るだけの目的のために、娘たちの一人が、名だけのプラトニックな結婚を受け入れてくれる青年と、契約することだった。妻となれば、人々から非難なしに、外国の大学に行くことができた。また、その姉妹または女友だちも、体面を完全に保って、同行することができた。

こうした計画を抱き、ソーニャとアニュータは、友だちや知人の間で、あれこれ吟味した末、ウラジミール・コワレフスキイを、あつらえむき候補者と考えた。ソーニャは、両親の反対をおして、彼と結婚すると主張した。コワレフスキイは、モスクワ大学の古生物学の学生だった。彼はソーニャの数学の才能や、諸言語に流暢なこと、文学上の成果、すばらしい美しさに感銘を受けていたから、彼は娘たちの計画にまさに適切な人物であった。一八六八年秋、彼とソーニャは結婚した。次の春、二人はハイデルベルクに行って住んだ。そこでソーニャは、大学に通って、ドイツで最も古く、もっとも評価の高い有名な大学で、大変秀れた教授たちの講義を聴くことができた。ここで彼女は、ケーニヒスベルガーやエミール・デュ・ボア・レイモンの数学の講義や、ギュスタフ・キルヒホフやヘルマン・フォン・ヘルムホルツの物理学の講義を聞いた。

こんなに若く美しい娘が、数学や自然科学に関心をもつことはまったく異常なことだったので、ほとんど最初から、ドイツの教授たちは、ソーニャの能力と態度に心を打たれた。彼女は生来臆病なくらいはにかみやであった。ドイツ人たちにとり、その性質は魅力的だった。町の人々も、彼女のこと、その才能を聞いて、街路で彼女たちを指さしてみるくらいだった。しかし、こんなに皆の注目のまとになっても、ソーニャは、本質的に変わらなかった。彼女の性質には不変の部分があり、どんなに有名になっても、子供時代身につけた本質的な不安定さを脱け出せなかった。

ケーニヒスベルガー（ハイデルベルクにおいて、ソーニャの敬愛する教授の一人）は、以前、ワイエルシュトラスの弟子であった。彼は当時ヨーロッパの学者の間に、名声があり、影響力も大きい論理学者であった。ケーニヒスベルガーの下で、二年間勉強した後、彼のその師に対する傾倒ぶりにそまって、ソーニャは、この有名なワイエルシュトラスの弟子になる努力をしようと決意した。しかし、一八七〇年八月、秋の学期のため、ベルリンに着いた時、ベルリン大学は女性を入学させないことが分った。彼女も、今までの教授たちからもらって来た立派な推薦状があっても、例外として認めてもらえなかった。

大学の門戸が閉ざされているので、ソーニャはワイエルシュトラス自身に直接訴えて、個人教授を依頼した。有名な「解析学の父」は、彼女の依頼に疑念を抱いたが、思いやりと理解がある、学生たちに率直な人で、「偉人」ぶった態度ではなかった。この時、五十代であったが、彼自身大望を抱いた青年時代に、クリストフ・グーデルマンが、どんなに親切に弟子にしてくれ、数学者になるための指導をしてくれたか、はっきりと思い出すことができた。昔、恩恵を受けたこの思い出によって、彼はソーニャの依頼を聞き入れることにした。

ソーニャは有名なワイエルシュトラスに畏怖の念を抱いた。何といってもやっと十代を終ったところで、比較的保護されて暮していたので、失敗にも、無鉄砲さにも、おびえていた。しかし、彼女は、真剣で、熱心で、決然としていた。

たぶん、何よりもまず、彼女から解放されたかったからだろう。ワイエルシュトラスは、相当進んだ学生が解くために用意してあった一組の問題を与えた。彼がまったく驚いたことに、彼女はそれらをすぐ解いたばかりか、明白な独創的な解答をもってきた。彼女の熱心さと賢さが、教授によい印象を与えた。彼は、ケーニヒスベルガーに、手紙で、彼女のこと、彼女の数学の才能を問合せた。とくに「この婦人の人物が確かかどうか」を尋ねた(Bell 一九六五年 四二五頁)。

もちろん、ケーニヒスベルガーは、彼女の人格も学力も優れていると請け合うことができた。

この保証を受けとった後、ワイエルシュトラスは、大学理事会に、ソーニャを聴講させる許可を得ようとした。それはそっけなく断わられた。しかし、彼は親切にも、とにかく彼女が講義を受けられるようにしてやった。それから四年間、彼女は彼の弟子だった。彼は、講義のノートや、未発表の研究や、最新の科学の発展や、幾何の新理論を彼女にも示した。彼は、彼女の生涯で、もっとも影響を与えた教師だった。

ソーニャとワイエルシュトラス教授との関係の中で、もっとも重大な失敗は、最初に、彼女の契約結婚について、彼に説明しそびれたことだった。彼女の名目だけの結婚が、彼女をいつも十分非難から守るとは限らなかった。事実、R・W・ブンゼン（彼女がハイデルベルクにいた間に出会っていた有名な化学者）は、ワイエルシュトラスに、あるとき、彼女は「恐るべき女だ」と、警告したことがあった。幸いにも、ワイルシュトラスは、ブンゼンの不謹慎な批判を笑いとばすことができた。そのときは、もう、ソーニャは、彼に弟子入りして、二年になっていたので。

ブンゼンが語った話には、しかし、興味深い背景があった。彼は短気な年とった独身者だった。彼は女嫌いであったが、ソーニャに一度だまされたことがあった。それは、彼にとってはつらい経験だった。彼は自分の実験室が完全に男性の場で、女性によって汚されていないことを自慢し、この奇嬌な化学者は、そのやり方を続けていくつもりだった。中でも、ロシアの女は御免だった。ソーニャのロシアの女友だちの一人が、ブンゼンについて化学を勉強したいと、たいへん望んでいたが、その実験室から追い払われてしまい、ソーニャに助けを求めた。ブンゼンは、かたくなな性質にもかかわらず、ソーニャの説得力にはかなわず、何とか彼女はだまして、自分の友だちを彼の神聖な実験室に学生として入るのを許可してもらった。ソーニャが去って後、やっとブンゼンは、ごまかされたことに気づいた。そこで、そのしかえしに、ソーニャの名を汚すようなことをいったのである。後にワイエルシュトラスに彼は言った。「そして、今は、『あの女』は、私が前にいった言葉を、とり消させた」と(Bell　一九六五年　四二五頁)。

ワイエルシュトラスのもとでの四年間の勉学の間に、ソーニャは、大学の数学課程を完了し、いくつか重要な論文を書いた。博士論文は、偏微分における方程式論で、それは任意の変数に対する線型微分方程式のかなり一般的体系を扱ったものであった。ワイエルシュトラスは、前に類似の構造を全方程式のために出していた。ソーニャの論文は、これを偏微分方程式に適用したのである。

彼女はまた、『三次アーベル積分の楕円積分への導入について』を発表した。これもまたアーベル積分の定理についてのワイエルシュトラスの初期の論文を基礎にしたものである。

彼女の他の発表論文の中の一つは、「土星の環の形状に関するラプラスの研究に対する補足と注釈」、もう一つは「方程式の体系の特質について」である。

一八七四年ソーニャは、ゲッチンゲン大学から博士号を受けた。特別の配慮により、口答試験を免除してもらった。彼女がいうような次の理由で。「私は口頭試験をやり通すだけ十分落着いていられるかどうか、分りません。……まったく知らない人々と応待することは、私をとり乱させるでしょう」(Leffler　一八九五年　一六〇頁)。

彼女の論文のすぐれた価値と、今まで共に研究してきた学者たちの証明とがあったので、この稀な免除を得たのだった。

ワイエルシュトラスの下での長年の厳しい研究の後、ソーニャは、ロシアに戻り、友だちや親類と、パリビノやペテルブルクやモスクワで、のんびりと過ごした。ワイエルシュトラスは、彼女の才能にふさわしい職を見つけようと試みたが、その努力は、成果をあげなかった。彼は学界の仲間の偏屈な伝統固守の精神に、がっかりしてしまった。

彼女の数学の能力を生かす職場は見つからないので、ソーニャは、自分でもう一つ別の生活を築きはじめた。彼女の夫は、その頃モスクワ大学の古生物学教授であった。そこで、彼女は、多くの時間を、興味深い友人や親類のグループと過ごした。ロシアの知識人は、彼女が自分たちの仲間に戻ったのを歓迎し、彼女は新聞の論説や詩や劇評や短篇を書くので忙しかった。その短篇『無給講師』は、非常に有望だとされた。彼女が教育を受けるために行なった闘いによって、彼女は女性の権利の強力な擁護者となり、その文学的作品の多くは、このテーマを扱った。

彼女の一人娘、フーファ（母親は、フーフィとよんでいたが）は、一八七八年十月に生まれた。その年の末に、彼女はワイエルシュトラス（約三年間もごぶさたしていたのだが）に数学の研究に戻ることを熱望していると手紙を書いた。彼女の夫は、それまでに彼の科学論文で有名になっていたが、いくつかの不運な企業にまきこまれた。彼の失敗は、彼等の不安定な結婚生活に、重い負担となった。ソーニャは、父の領地からの収入が少しあったが、彼女と娘の生活を支えるに十分ではなかった。そこで生活を支えるに十分な職場を求めていたのである。

研究に戻りたくてたまらなくなり、ソーニャは、自分でベルリンへと出発した。逆境におかれて、彼女は、自分が、「数学者として生れついた人間」であるという結論に達せざるを得なかった。彼女の本性として、追求していかなければならない道だった。ワイエルシュトラスは、親切に、「結晶体力の光の屈折」についての研究を指導してくれた。そして一八八三年九月オデッサの学会で、その研究の結果について発表した。その論文は好評だったが、ソーニャが科学の研究から長いこと離れていたことを反映していた。何年もしてから、ヴィト・ヴォルテラ（イタリアの数学者）が一つの誤りを指摘した。これはワイエルシュトラスもソーニャも、二人とも気付かなかったものである（当時ワイエルシュトラスは七十歳で、彼の言葉によると「頭も弱っていた」ということだ）。

つづく数年間は、ソーニャはパリで静かに過ごした。そこでハンサムな若いポーランド人と親密になった。数学者で革命家で詩人だった。一時このロマンチックな友情は、ソーニャが今までに出会った友情の中でも、最も親密なものだった。彼等は共通の興味をもっていたので、考え方も共鳴できた。とてつもない感情にあふれることのできる彼女は、この友人関係に夢中になった。夫と彼女とのきずなは、すでに弱くなっていた。彼の経済的失敗によって、より緊迫していた。しかし、完全に破れてしまっていたわけではなかったことが、その後分った。彼女は一八八三年春、ウラジミールの悲劇的な死亡の知らせで、狂わんばかりになった。彼は自らの命を絶ったのであった。ソーニャは、彼と共にモスクワにとどまらなかったことで、容赦なく自分を責めた。しかし、モスクワにいたら、彼女は、耐えられないような生活を必ずしなければならなかっただろう。

しかし、とにかく、彼女の悲しみは、激しく大きかった。そのショックは、彼女を打ちのめしてしまった。彼女は四日間も何も食べず、一人閉じこもっていた。しまいに意識を失っていた。気がついた時、彼女は鉛筆と紙を頼み、数学の公式を書き散らすことで気をまぎらそうとした。彼女の友だちの一人は書いている（十九世紀の美文で）。ウラジミールの死のショックのあと、ソーニャは、「青春……（および）容貌の瑞々しさを失ない……終世消え去ることのなかった深いしわが、心労によって額に刻みこまれた」（Leffler　一八九五年　二〇二頁）。

一八七六年ペテルブルク滞在中ソーニャは、ゴスタ・ミッタグ・レフラーと知り合った。彼はやはりワイエルシュトラスの弟子だった。彼はその後ストックホルムの新しい大学の数学の教授になって、その第一の仕事は、「コワレフスカヤ女史」を員外講師（訳註　大学から俸給は出ず、学生から謝礼をもらう講師）として招くよう当局に勧めることだった。彼はソーニャの鋭さと、知力に強い印象を受けていただけでなく、「婦人問題」に暖かい関心をもち、この新大学を偉大な女性数学者を招く最初の大学にしたいと熱望していた。十九世紀初め、アーサー・ケイレーが、ケンブリッジで、女性に数学部を開放しようと試みたが、彼の努力は失敗した。その理由の多くは、ワイエルシュトラスが、ベルリンでソーニャのために頼んだとき失敗したのと同じである。しかし、スエーデンの当局者は、もう少し開けており、一八八三年十一月、ソーニャはストックホルムに向けて出発した。そこで偏微分方程式論について講義することになった。

ソーニャは、ミッタグ・レフラーの家族に歓迎され、ゴスタの妹アンナ・シャーロッタ・レフラーと親友になった。彼女は作家で、ソーニャは、後に厳粛な契約を結んだ。もしどちらかが死んだら、残った方が死者の伝記を書くというのである。アンナ・シャーロッタ（後にカジャネロ公爵夫人）は、約束を守った。ソーニャの死後アンナは、友だちの生涯について最も理解ある伝記を書いた。

必要上、また意欲もあり、ソーニャは数カ国語を学んだ。この方面でも、並々ならぬ才能を持っているように見えたが、ここには限界があった。ロシア語以外の言語では、正確に自分の考えを表現することはむずかしいことを彼女は悟った。ストックホルムでの講義はドイツ語で教えた。ドイツ語は不完全ながら、かなり分り易く話すことができた。そして学生には大いに人望があった。学期の終りに、学生たちは精巧な額に入れたクラスの写真と彼女の努力をたたえるたいへん暖かい熱狂的なスピーチを贈った。

彼女の数学者としての能力は、彼女の講義の題目のリストを点検することにより判断されるだろう。それには、次のような題目が含まれる。偏微分方程式論、ワイエルシュトラスによるアーベル関数論、ポアンカレの微分方程式により定義された曲線、ポテンシャル関数論、楕円関数論の応用、整数論への解析学の応用、その他。

彼女の友ミッタグ・レフラーは、ソーニャが大学の正教授として任命されるための基金を募った。幾人かの寄贈者が少額を保証し、大学側が補充して、ソーニャ自身とフーフィが、どうにか生活できるくらいをかせぐことができるようになった。しかし、まだ、女性を大学教授として雇うことへの保守的な反対があって、彼女が大学で教え始めてから五年後になって初めてミッタグ・レフラーは、彼女を終身教授に任命させることができた。もっとも、彼女は一年間しかその地位にいなかった。

ソーニャの生涯で絶頂の時は一八八八年のクリスマスイブであった。そのとき彼女は有名なボーダン賞をフランス科学アカデミーから贈られた。『定点のまわりの剛体の回転の問題について』という論文が勝利を得たのだった。そのような賞の応募の規則として、各提出論文は、匿名で出すべきだということになっていた。著者の名前は、封筒に入れて封がしてあり、その封筒の表に論文につけたと同じ「モットー」(標語)を書いておく。その封筒は、その作品が受賞したときまるまでは開かれない。このような手続きは、審査員が、どんなえこひいきもせず、影響も、受けないためである。アカデミーの審査員がソーニャの論文を選んだとき、受賞者が女性であったことは、まったく分らなかった。

彼女の提出した論文の優秀さは、非常に例外的なものであると判断され、賞金は「この研究により数理物理学になされた非常にすばらしい貢献によって」、公示されていた三千フランから五千フランに増加された(Mozans 一九一三年 一六四頁)。

ついでにいうと、ソーニャの受賞論文の前記のモットーは『知っていることを言え、しなければならないことをせよ、結果はどうなろうとも』であった。学士院の命により、彼女の研究は、アカデミー報告書に全文発表された (Mémoires présentés à l'Académie (Mémoires des Savants étrangers) Volume 31, 1890)。

ソーニャのこの研究までは、定点のまわりの剛体の回転に関連する微分方程式の完全な解が見つかったのは、ただ二つの場合だけだった。しかし、彼女の論文は、まったく新しい場合を論じ、その中では完全な解が、徹底的に展開された。彼女の論文の根本原理は、ワイエルシュトラスの超楕円積分についてのアイデアと、研究との拡張であった。しかし、彼女の拡張は、長いこと数学者を苦しめてきた問題を解決した。

翌年、ストックホルム・アカデミーは、彼女の独創的論文の上に築いた他の二つの研究に対し、一五〇〇クローネの賞金を彼女に授与した。こういう公的な承認がいろいろあったので、ついにストックホルム大学も、ソーニャが熱望していた教授の地位を提供することになった。

ソーニャがロシアの学界から公的な栄誉を初めて受けたのは、やっと、一八八九年十二月二日になってからだった。彼女はロシア科学アカデミーの最初の客員メンバーとなった。彼女が最も元気づけられた栄誉だった。この頃までに、ストックホルムは、彼女にとって、わびしいものとなってきて、彼女はロシアの大学での教授の口を切望していた。しかしロシアの科学アカデミーに選ばれたのにもかかわらず、彼女に教授の地位は提供されなかった。

ソーニャは、疑いなく才能に恵まれた数学者で、その性格には、実際的な面もあったが、彼女の反応や判断の多くは、非常に個性的であった。彼女は、人々や、人々の感情に対し、詩人的関心をもち自分の性質をボヘミアンと呼んでいた。自分のこの特質は先祖の一人、ジプシー出の曾祖母から受けついだとしている。この曾祖母は、ソーニャの曾祖父と結婚したが、その代償として曾祖父は、「公爵」の称号の権利を放棄させられたのである。彼女はまたある種の予言力を受けついだと主張し、あるとき、アンナ・シャーロッタにこう書いている(Leffler 一八九五年 二七〇頁)。

「不思議なことですが、年をとればとるほど、私はますます運命論または宿命論に支配されるようになりました。人間に固有だといわれる自由意志の考えは、だんだん私には持てなくなりました。私がいくらやっきになってみても、ほんの少しでも、運命を変えることはできないと深く感じます。私は今ほとんどあきらめています。今、最悪だという気がするので、仕事に打ちこむのです。何も希望はしませんし、望みもありません。私がどんなに、すべてのことに無関心になっているか、お分りにならないでしょう」。

彼女の性格のうちのこの暗い面は、ソーニャにとって、大きかった。夢を何かの前兆としてまじめに信じ、また予言とかその他の種類の啓示などを信じた。年をとるにつれ、彼女は、ある年は「幸運」だろうとか、「よい」年だとか予言した。偶然なのか、またあたる予言だったのか、彼女の予想はよく適中した。

ボーダン賞の論文の準備に過ごした数か月間に、ソーニャは、多大な情熱とエネルギーを費い果した。必要上彼女の論文の仕事は多く夜おこなわれた。しかし、この創造的研究の重荷、教師としての義務、姉への社会的責任、子供の世話などのほか、もっとはるかに心を奪う衝撃的な心の混乱状態を経験していた。つまりまたもや夢中に恋をしていたのである。

この激しく強力な情熱をソーニャに呼びさました人物がだれであるか、彼女の書いたものの中には名指していない。一つの資料ではマキシムとかいてある。彼がだれであろうと、彼が彼女の熱情に報いたことは明らかである。彼は理解あり、親切で、やさしく、彼女がうまくいくことだけを気づかい、彼女のために必要なら、どんな譲歩でも喜んでする人だった。この二人を離したものは、ソーニャ自身の融通のなさであった。彼女は、自分の研究と、私生活の両方をうまく調和させていくことはできなかった。痛みとアイロニーを抱きながら、彼女は仕事への野望か、恋か、どちらかを犠牲にしなければならないと感じた。パリの競争から身を退くことは、彼女の心中に（また世界に対してと彼女は考えた）女性の無能力を明白に証拠立てることとなるだろう。こうして周囲の強い力は、賞を得るための狂熱的努力へ彼女を押しやった。彼女が双方へ忠実であろうとしたため、その喜びは、減少した。

彼女の子供っぽい自信のなさのため、彼女のマキシムに、非合理な暴君的要求をつきつけることになった。彼は献身的だったが、彼女のむずかしい要求に合わせることが困難で、ついに、双方にとり重すぎる負担になり、最後にこの恋愛事件は、しだいに崩れ、すべて終った。

ソーニャは、あまり親しくない友人たちには、彼女の味わった失恋の苦痛をかくそうとした。むしろ、文学作品に自分の感情を表現しようとした。一八八九年、彼女の小説『ラエフスキイ姉妹』が出版された。これは幼年時代の思い出の話であり、文芸評論家に惜しみなく称讃された。この小説はスエーデン語、つぎにデンマーク語に訳し出版され、批評家は、「これは文体においても、内容においても、ロシア文学の一流の作家と匹敵する」と評価した（Bell　一九六五年　四二三頁）。

ソーニャはまたこれほど有名ではないが、『ヴェーラ・ヴォロンツォーフ』も出版した。ロシアの生活を描写したものだった。彼女はある時、彼女の多才ぶりに驚きを示す人々に答えた（Leffler　一八九五年　三一七頁）。

「私が文学と数学と二つの仕事を同時にできることに驚かれるのもよく分ります。数学についてあまり知る機会のなかった人々は、それを算数と混同し、無味乾燥な科学と考えています。けれども、じっさいには、それは多くの想像力を必要とする科学で、十九世紀の指導的数学者の一人が述べたように、詩人の魂をもたない人は、数学者にはなれないというのは、まったく正しいと思います。ただもちろんこの定義を正しく理解するには、詩人は存在しない何かを発明しなければならないという、想像と発明を同じに考える古くからの偏見を捨てなければなりません。詩人とはただ他の人が知覚しないものを知覚すべきで、他の人より深く見つめなければならないように私には思えます。また、数学者も同じことをしなければなりません。私自身のことをいうと、数学か文学か、どちらをよりいっそう好むか、生涯ずっと自分自身で決めかねてきました。純粋に抽象的な思索に頭が疲れてくるや否や、すぐに人生の観察と小説のほうへと向きを変え始めます。逆の場合には、人生のすべては無意味で興味なく見え、永遠の不変の科学的法則のみが、私を引きつけます。もし私がどちらか一方に限定して仕事をすれば、その一方で、もっと成果をあげたかもしれません。しかし、どちらか一方を完全に捨てることは、私にはできません」。

マキシムとの恋愛事件が終ってからあとの彼女に残された数か月は、苦しいものだった。彼女の愛する姉アニュータは、モスクワで、徐々に進む痛みで苦しむ死の床についていた。ソーニャのあいた時間は、モスクワとストックホルム間の、うんざりする不快な往復の旅に、しばしば費やされた。フーフィはモスクワに残っていて、彼女と離れていた。ソーニャは、その時まだ四十一歳で、友人とは、数学や文学上の新しい仕事の企画を話していたが、彼女が最後の数か月を、ひどく気落ちし希望のない気持で過ごしていたことは、疑いなかった。

一八九一年二月の両都市間の彼女の最後の旅はとくにつらいものだった。彼女は家族や自分の未来について、不安な気のくじけるような心配でいっぱいになっていた。旅行の条件について、いろいろ考えるひまはなかった。その結果真夜中に寒い人気もない駅に降り立つはめになり、重い荷物を自分一人ではこばなければならなかった。疲れ、凍えて、すでに弱っていたエネルギーにまったく無理を重ねた。ストックホルムに着く前に発熱し、インフルエンザにかかった。それは当時は致命的なものだった。数日後の彼女の死は、親しい友人たちや数学界にショックをあたえた。

彼女は多分ロシアに帰ることを強く望んだだろうが、ソーニャは、ストックホルムに埋葬された。彼女のスエーデンの親しい友人たちは、彼女を自分たちの同国人のように考え、彼女の思い出を、十分保存したいと決めた。

興味深いことに、この内気なロシアの娘は有名な人物となり、彼女の墓でさえ、詮索好きの人人から、彼女を守ることができなかった。死後四年たって、彼女のアルコール漬けにしてあった脳は、重さを測られ、ヘルマン・フォン・ヘルムホルツの脳の重さと比較された。グスタフ・レツィウス教授がこの測定の詳細な説明を書き、この二人の偉人の体重を考慮に入れると、脳細胞の量は、この女性のほうが、この男性のよりも大きいとした。この結果は、男の脳は女の脳より秀れていることを示そうとしたこの試みを、不面目にも失敗させた。

ロシアは切手に数学者を使うことを一番度々行なう国の一つだが、彼女の死後光栄にもソーニャの記念切手が作られた。この分野において、切手になる栄誉を受けた唯一の女性である。

ソーニャは、恐らく、数学界において喝采を受けた最も輝かしい女性の一人である。また彼女の才能と仕事は特別優れていたので、彼女は最も印象深い人間の一人である。彼女は他の優れた女性数学者の多くと同様に、自分の才能を他の人々の研究の紹介に使うことでは満足しなかった。彼女の発見は、数学に対する非凡な探求能力によるものである。彼女はワイエルシュトラスの最初のそして主要な弟子であり、彼女の仕事を通じて、彼の理論の力を証明しようと努力したが、彼女自身の研究も十分独創的で、考慮に価するものである。

彼女とワイエルシュトラスの友情は一生つづいた。彼等の交したおびただしい手紙は、もし保存してあったら、科学的に大変興味深く重要だっただろう。不幸にもソーニャの死後ワイエルシュトラスは、彼女の手紙を焼いてしまった。彼女自身の論文は、残っていたが、整理されず、無秩序で、断片的で、まったく雑然とした状態だった。

ワイエルシュトラスの弟子として、ソーニャは、解析の分野と、その解析技術を数理物理学上の問題へ適用することに集中した。十九世紀の数学のルネサンスの中心といわれる無限級数は、ワイエルシュトラスとソーニャと二人の関心の中心だった。コーシーの問題を論ずる「コワレフスカヤの定理」により、彼女はしばしばとくに高く評価されている。この一般的問題は、一従属変数と、$n$ 独立変数の二階線型偏微分方程式を扱っている。ソーニャの定理は、その問題に関連する最初の存在定理を厳密に立てるのに役立った。

H・メシュコウスキイ(一九六四年　八六頁)は、ワイエルシュトラス派の成果と影響についてこう書いている。

「関数論についての現代の教科書の中には、ワイエルシュトラスに負う多くの定理や説明法がある。しかし、二十世紀数学にとり同様に重要なのは、彼と彼の派の人々の提起した「解析の数論化」である。ワイエルシュトラスの学生のノートには、十九世紀の教科書によく出てきた例のあいまいな「無限に小さい量」を、われわれはもはや見出せない。ワイエルシュトラスとその学生たちは、解析を「数論化した」。彼等は極限についての陳述を、有理数間の等式または不等式に変形した」。

ソーニャは、この派の有力な人物だった。彼女の科学的生涯は短かったが、それは輝かしいもので、数学界はさっと通るだけではすまないぐらい、彼女に多くを負っている。

(訳註　『自伝と追想』ソーニャ・コヴァレフスカヤ著　野上弥生子訳　岩波文庫は、現在出版されていませんが、多くの読者を得ていた本です)

# エミー（アマリエ）・ネター

Emmy (Amalie) Noether
(1882〜1935)

エミー・ネターの個性と生き方は、ある点で彼女のフランスの先輩ソフィー・ジェルマンに似ていた。ソフィーが前世紀にそうであったように、エミー・ネターの生涯も、数学だけで占められていた。政治がじゃましなければ、彼女はすべての時間とエネルギーを、数学の研究に喜んで投入しただろう。彼女はシャトレ夫人のような強い熱情的欲望や、ボヘミアン的傾向はなかった。ソーニャ・コワレフスカヤの迷い、不安感もなかった。より静かな、学究的性格だった。

エミー（本当の名はアマリエ）は、南ドイツの豊かな平原の小さな大学町、エルランゲンに一八八二年三月二十三日に生まれた。父はマックス・ネターで、エルランゲン大学の教授で、すでに偉大な数学者として名を現わし、代数関数論の発展に重要な役割を果たしていた。

エミーは、家事の技術と女性のたしなみ——若い娘に欠くことができないとされていたことをしこまれた。料理し、掃除し、町で買物し、ダンスに行き、ぎこちなく大学生たちと踊った。彼女の性格は反抗的ではなかった。彼女については、こう書いてある（Weyl 一九三五年 二〇五頁）。「パンの塊のように暖かい……彼女からは広い、人を慰めるような活気あるあたたかみが発散した」と。もし家庭の環境が別のものだったら、彼女は数学者としての一生を選ばなかったかもしれない。しかし若いエミーの頭のまわりに、急降下し、また高く舞い上がる刺戟的討論は、大変強い興味をよびさました。

マックス・ネターは、子供らの若い頃の考え方に強い影響を与えた。エミーと弟のフリッツは、父親の職業をついだ。このネター一家は、数学的才能が遺伝的性格をもつという一例としてよく利用される。この最も見事な例は、スイスのベルヌイ一家の家系で、その十名が三世代にわたり数学者として有名である。

エミーは家族の友人で、大学で教えていたポール・ゴルドンに個人教授をうけた。後年の彼女の数学的関心は、ゴルドンのそれと必ずしも一致しなかったが、一九〇七年エミーは、博士論文『三元四次形式についての不変式の完全系』をゴルドンの指導のもとで書いた(訳註)。彼女の論文は、「畏怖の念を起こさせる作品」といわれた。しかし、エミーは、それを後に「公式のジャングル」として捨て去った（Reid 一九七〇年 一六六頁）。しかし彼女はゴルドンに対し深い尊敬の念を抱き続けた。有名な数学者でエミーの友人であり同僚であったヘルマン・ワイルは、ゴルドンの写真が長い間ゲッチンゲンの彼女の書斎の壁に飾ってあったと、彼女の死後に書いている。

**訳註**　論文題名その他について、次の本を参考にさせていただきました。『数学史の周辺』武隈良一著　森北出版数学ライブラリー（教養篇8）の中の〝第十章、A・E・ネター女史とその業績〟。ネターの数学の研究の特徴についてもっと詳しく知りたい人に良い本です。

ゴルドンの引退後エミーの業績は、抽象的・公理的思考に対する彼女のより秀れた才能を反映しはじめ、ゴルドンの形式的研究方法から遠ざかった。これらの年月の間に、彼女は他の二名の代数学者エルンスト・フィッシャーとエルハルト・シュミットに学んだ。彼女の研究は主に、有限有理数と有限底に集中した。この間に、父親が病気の時、代理として、彼女もまた大学で講義することを依頼された。

彼女の家庭の事情が変わり、エミーはゲッチンゲンに移るように勧められた。父親は引退して、母親はその頃なくなり、弟のフリッツは、以前はゲッチンゲンの数学の学生だったが、当時は軍隊にいた。彼女自身の関心は、ゲッチンゲンでダヴィット・ヒルベルトが行なっている研究に近かった。そして彼女の何度かの訪問のうち、ある時、ヒルベルトから、ここにとどまるように説得された。彼とフェリックス・クラインは、相対性原理の一般理論を研究していた。エミーは、不変式の理論的知識があるので、役に立ち、彼等と共に研究することを歓迎された。ここでエミーは、戦後のゲッチンゲンでもっとも創造的な研究サークルの一要員となった。ワイル（一九三五年　二〇七頁）は、こう書いた。「相対性原理のもっとも重要な側面の二つに対し、エミーは、当時、真の普遍的な数式化をなした」と。

ここで、そのほか、エミーは、公理を基に、完全に一般的なイデアル論を樹立することに関心をもつようになった。そして、彼女のゲッチンゲンでの仕事は、公理を用いた手段を数学研究の強力な道具にすることで、貢献した。

ゲッチンゲン大学は、女性に博士号を授与した最初のドイツの大学であったが、女性に「教授になる資格」を与えることについては、やはり相当な反対があった。エミー・ネターもその例外ではなかった。彼女は資格は十分あるにもかかわらず、大学の講師として正式に任命されなかった。ヒルベルトは、エミーの教授資格獲得のため、哲学部教授会に陳情して、その不公正を是正しようと試みた。しかし、この努力は失敗した。教授会の何人かが、女性を講師として受け入れることに、断固として反対したからである。哲学教授会は、自然科学者と数学者の他に、哲学者、言語学者、歴史学者を含んでいた。数学関係以外の教授がこう主張した(Reid 一九七〇年 一四三頁)。「女性が員外講師になることをどうして許せるか。員外講師（大学から俸給を受けず学生から謝礼をもらう）になれば、次は教授にも、大学理事会の会員にもなれる……われわれの学徒兵が戦場から大学にもどり、女性の足元で学ばねばならぬと分かったら、どんな気がするだろうか」。

そのような保守性は、ヒルベルトを悩ませた。彼はなお、ある会議の席で、次のように宣言して教授会の幾人かを、また反対側にやってしまった(Reid 一九七〇年 一四三頁)。「皆さん、候補者の性が、員外講師としての任命に、反対する論拠になるということは、私には分りません。とにかく、大学は浴場ではないのですから」。

教授会の反対メンバーの裏をかく策略として、エミーとヒルベルトは、エミーが講義できるような方法を画策した。これらの講義は、ずっとヒルベルトの名で公示されたが。一九一九年になり、第一次大戦が終り、ドイツ共和国宣言が社会情勢を変えた時になって、やっと彼女は教授資格を獲得できた。

一九二二年、エミーは、「ニヒトベアムテーテル　アウセルオルデントリッヘン・プロフェッソル（員外非常勤教授）」の地位に任命された。しかし、物々しい肩書きにもかかわらず、この任命は、義務はほとんどなく、俸給もなしであった。彼女はまた代数の「講師委嘱」も受けた。この任命で、彼女は、まことにつつましい収入を得た。

一九二〇年までは、エミーの真の天分が広く評価されたかどうかは疑わしい。しかし、この時、彼女は、微分の演算記号についての論文を共著で出した。この論文は、彼女が真に偉大な数学者へと進んできた証拠となるものだった。〔原註〕この論文こそ、彼女の研究の決定的転換点となるもので、はじめて彼女の強い関心が、抽象的・公理的研究方法にあるのを示し、エミー・ネターを代数の面目を一新した影響力ある重要な人物とした。

〔原註〕　彼女は当時三十八歳であった。このように、晩年に成果をあげることは、数学者の中では稀な現象である。多くの例では、創造的才能は、もっと若い年代に強く発揮される。

数学という学問は、ヒュパチアの『ディオファントスの解析』からエミー・ネターの時代までの約一五〇〇年くらいの間に、著しく変化してきた。ディオファントスとヒュパチアが方程式を解くことと、代数的計算の結果に関心をもったのに対し、現代の数学者は代数的演算の公理的特質により関心をもった。二十世紀の抽象代数学者は、交換法則、結合法則、分配法則を研究していた。彼等はこれらの法則の一つが成立しない場合に生じる数学の体系を探求していた。また彼等は「数の体系」を他の体系に一般化していた。それらの「数」に代わるものは、「体」、「環」、「群」、「ニアリング」などと名付けられた。

この公理的傾向は、次の人々の研究により促進されてきた。レオポルド・クロネッケル、G・ペアノ、ワイエルシュトラス、コワレフスカヤ、デデキント、ヒルベルトなどである。バートランド・ラッセルの『数学原理』(一九一〇〜一九一三年)の出現は、新しい論争を提起し、まったく新しい論理を数学の広大な領域に附加した。ニュートンの『プリンキピア』がその出版後何十年間に、新しい思考法を確立したのと同様、ラッセルの『原理(プリンキピア)』も、数学の主要な新しい部門として、記号論理学の研究の確立を助けた。非常に拡大された公理的研究法の役割は、恐らく二十世紀の数学のもっとも著しい側面だった。

エミー・ネターは、この傾向の進展に関係深かった。父親の研究を基礎とし、特に彼の剰余理論の上に自分の研究を築いた。一九二〇年代に、彼女はこの定理を、任意の環におけるイデアルの一般理論に適応した。抽象代数学の公理的・整数論的傾向をさらに確立するのを助けた。

一九二〇年代後半、彼女は不可換代数学の構造、一次変換によるその表現、可換数体とその整数論の研究への応用を追求しはじめた。彼女はH・ハッセとリヒアルト・ブラウエルと共に仕事をした。三人は非可換代数、多元数、類体論、ノルム・レスト、主示性数理論に関するいくつかの論文について共同で研究した。ハッセは彼女のクロス乗積論を、彼の巡回多元環論についての研究と関連させて出版した。ブラウエル、ハッセ、ネターによる一論文は、ふつうの代数的数体の単純多元環は、巡回的であることを証明し、その種の古典とされている。ある人が言ったように、エミー・ネターは、「代数を公理のエルドラド（想像の黄金都市）にした」（Weyl 一九三五年二二四頁）。

一九三〇年までには、エミーは、ゲッチンゲンの誇り高い数学的伝統にとって、最も力強い中心人物となっていた。彼女の講義は、慣例よりも、体系的でない場合があったにもかかわらず、彼女は有能な革新的な教師であった。彼女は教えるとき、形式とか体系でなく、本質を問題にした。彼女は刺戟的であり、独創的であり、彼女の新しいアイデアを、惜しげなく他の人に提供した。

学生と同僚は、彼女のゆたかな、ほとんど熱狂的な想像力が、他の人の創造力をも発火させたことを述べている。彼女の論文は重要だが、代数学にとっての彼女の重要な地位は、その論文のみによるのではない（彼女の名は全部で三十七の論文にのっている）。彼女の代数に対する重要性の一部は、他の人々との共同研究に基づく。ある場合には、彼女の独創的アイデアが、学生や共同研究者の研究の中に結実した。B・L・ヴァン・デァ・ウェルデンの『現代代数学』の大部分は、エミーの寄与によるといわれている。彼女が他の人々に与えた影響を、附記して証明した例はいくつもある。

エミーの実力を評価するに当たっては抽象概念を扱う著しい才能に注目しなければならない。彼女は互いに遠い、非常に複雑な関係を、具体的例に頼らず、頭にはっきりと浮かび上がらせる才能を有していた。彼女の同僚たちは、彼女が非常にむずかしい概念を、他の人々のため、明白に説明する特別な能力をもつことを認めている。

エミーの私生活は、ゲッチンゲン時代は、静かなものだった。毎日毎日、美しい新しい数学研究室で仕事と研究で過ごした。それはロックフェラー財団の財政的援助を受けて大学に建てられたものだった。夜の講義がすむと、彼女は寒いしめっぽい汚れた街路を、友人たちと複素数体を楽しく論じ合いながら家に歩いて帰るのだった。数学が彼女の時間ぜんぶを占めていた。

大学でよりよい地位を彼女のため確保しようという努力がいろいろ払われた。しかし、相変らず、偏見と伝統のほうが、彼女の科学的才能より重視された。その才能は、だんだん広く認められるようになってはいたが。モスクワ大学でも、フランクフルトでも、講義をするように依頼された。このことは、ヨーロッパの学問の中心地で、彼女の名前と学識を、さらに認めさせることになった。

一九一八年のドイツの政治的変革の間、エミーは、当時の政治的社会的問題にまきこまれるようになった。彼女は積極的に党派政治に熱中はしなかったが、社会民主党を支持していた証拠があった。この当時ドイツをゆすぶった激しい闘争により、エミーは平和主義者となった。生涯彼女は、この態度を強く保持した。

一九三三年初め、国家社会主義が権力につき（訳註 ヒトラー内閣成立）、ドイツには急激な社会変化が生じ、大学もその中の研究者も、渦中から逃げられなかった。多くの学者は、ナチス台頭までの何年かの間、政治に対しては「目かくし」をつけていた。しかし政治に無関係だというこういう立場をとっていても、ドイツをゆさぶる政治的大変動の影響から逃れることはできなかった。エミーも、（大学が以前誇りにしていた多くの学者たちと共に）、大学の活動は何であれ、参加することは禁じられた。彼女の資格、彼女の官職、彼女の俸給すべて、新しいナチスの弾圧の下で、とり上げられた。

彼女の免職は、予想できたことかもしれない。彼女は、政治的活動家では決してなかったが、彼女には政治的に不利な点が三つあった。インテリ女性であり、ユダヤ人で、自由主義者だった。当時はびこっていた憎しみと卑劣さとひどい敵意のさ中では、数学者としての彼女の才能など、この三つの不利な立場の埋め合わせとなるものではなかった。

E・T・ベル（一九六五年　二六一頁）〔訳註〕は、こう書いている。「彼女は世界でもっとも創造的な抽象代数学者だった。ナチスのドイツになっての改革後一週間も経たないうちに、ゲッチンゲンは、自由を失った。この自由はガウスが育み、生涯をかけその保持に努力したものである」。

エミーと弟のフリッツは幸福なほうだった。フリッツは、応用数学者でシベリアのトムスク大学の数学・工学研究所に逃げ場を見出した。エミーは、アメリカのブリンモア女子大学の教授として働くようになった。また、ニュージャージー州のプリンストン高等研究所の講師として招かれた。このアメリカで、彼女はドイツで拒否された心からの敬意と友情を再び見出し始めた。

しかし学生と同僚の中で、愛する研究を行なったこの楽しい生活は、短かった。ブリンモアとプリンストンで一年半過した後、一九三五年四月十四日、一見成功したかに見えた手術の直後に彼女は急死した。まだ五十三歳で、みのり豊かで研究能力の頂点にあった。彼女は大変たくましく、元気だったので、友人たちは、こんなに早く急死するなど、夢にも思わなかった。

エミーの数学者としての地位は、他の数学者が一番よく判断できる。アルバート・アインシュタインは、彼女についてこう語った(ニューヨークタイムズ　一九三五年五月四日　十二頁)。

「現在のもっとも有能な生存中の数学者の判断によれば、ネター女史は、女子の高等教育が開始されて以来、今までに生み出されたもっとも重要な創造的な数学の天才であった。もっとも才能ある数学者たちが何世紀も研究を重ねてきた代数学の領域の中で、彼女はいくつか重大な研究方法を発見した。それは、現在の若い世代の数学者たちの研究の発展の中で、非常に重要なものであることがわかった」。

しかし彼女を追悼する文を捧げた古くからの友ヘルマン・ワイルこそ、彼女の思い出に、彼女にふさわしい暖かさと、愛情深い活気を与えた人だった。彼の大変ていねいな弔辞の中には、表面だけの賛辞は少しもなかった。エミーへの彼の敬意は心からのものだったからである。彼の言葉は、彼女を真に愛する者にしか書けないものである(ワイル　一九三五年　二一九頁)。

「彼女に初めて会った人、また彼女の創造力を知らない人には、彼女は多分奇妙な人間に見えるでしょうし、つい気軽に彼女をからかってみたくなります。けれども、彼女はがっしりした体格で、大きな声です。討論で彼女をやっつけるのは、いつも、やさしいことではありませんでした。彼女は権威ある者のように説得し、律法学者のようにではありませんでした(訳註　マタイ伝七章二十九節。それは律法学者たちのようではなく。権威ある者のように教えられたからである)。彼女は、素朴な、単純な人間ですが、暖かい人でした。率直でしたが、人を傷つけるようなことは、決してありませんでした。日常生活で、彼女は少しも気取らず、まったく利己心はありませんでした。親切で親しみ易い性質でした。けれども、彼女は、ほめられることを喜びました。だれかにお世辞をささやかれた若い娘のように、そんな時、彼女ははにかみ笑いで応じることができました。美の女神が、彼女のゆりかごにつきそっていたとは、だれも主張できません。しかしゲッチンゲンの私たちが、よくからかって、彼女を「ネター君」と言って話したとしても（男性冠詞をつけて）、それは性の区別を打ち破るほどの独創的思想家としての彼女の能力を認め、尊敬して、いったのです。彼女は世にも稀なユーモアをもち、つき合い上手でした。彼女の家でお茶をのむ時は、大変楽しいものでした。けれども、彼女は数学の才能の重みで、釣合いを失った一方に偏った人間でした。……仲間の間で、彼女の科学上の研究と、人間についての思い出は、いつまでも消え去らないでしょう。彼女は偉大な数学者でした。女性の中でもっとも偉大な数学者だと私は確信します。彼女は、また偉大な女性でした」。

（訳註　『数学をつくった人々』Ｅ・Ｔ・ベル著　田中勇、銀林浩共訳　東京図書から出版されています）

# 数学の黄金時代

女性数学者の歴史は、二十世紀の女性のおびただしい研究について言わないですますべきではないだろう。しかし、現在の歴史は不安定なもので、目まぐるしい速さで移り変って行く。ごく近い過去の全体像を判断するには、正しい釣合いで見られるように時のへだたりを必要とする。そこでこの本でも(他のものと同じく)、現在に近づくにつれ、簡略となり、より言葉少なくなる。

十九世紀には、純粋数学の概念の創造において、また応用数学において、数学技術者、学者、教育者の実数において、目ざましい発達が見られた。現在数学者であるとして正当に認められているすべての女性の伝記を扱うことは、実際にはむりであろう。彼女たちの伝記は、他の時代、他の場所の作家が、語るべきである。

しかしその中から、少数の女性の実例――その生涯は多くの点で、今までの章で取り上げた女性たちの生涯に匹敵するような――を取り上げて眺めてみることは、別に不都合ではないだろう。この女性たちの選択に当たり、彼女たちの仕事の相対的価値についての評価は含まれていない。

この評価もまた後世の適当な時まで待たなければならないからである。

未来の数学史家は、一九七〇年代の十年間に、女性数学者協会の設立というような現象が起ったことに注目するだろう。この組織は、メアリ・グレイを会長とし、数学を職業とする女性の地位の向上と、より多くの女性に数学を学ばせることを目的として作られた。このような時代の思想的背景の下で、『アメリカの科学者』(American Men of Science) の発行者は、最近その誌名を、『アメリカの男女科学者』(Americen Men and Women of Science) と改めた。女性の間で、科学への関心と貢献が増大したことを認めたわけである。また未来の歴史家は、マイナ・リーズのような輝かしい女性の生涯を記録するであろう。彼女はアメリカの最大の科学関係の会「科学の進歩のための協会」の最初の女性会長に任命された。

二十世紀初期の間に、アメリカの女性数学者の数は、大変増大したが、これは数学者および科学者としての生涯を送ろうとするヨーロッパの女性たちが、アーノルド・ドレスデンのいわゆる『数学者の移住』(一九四二年) という現象の一部として、アメリカに移動してきたことによるのである。

エミー・ネターもこの「移住」をした一人であった。リーゼ・マイトナー——二十世紀の一流の理論物理学者の一人——も、この「移住」をした。彼女は、一八七八年ウィーンに生まれ、一九〇二年のキュリー夫妻のラジウム発見の話を読んで、科学への興味を深めた。彼女はウィーン大学で学び、一九〇六年博士号を得た。翌年ドイツを訪れ、研究を続けようとしたが、リーゼもまた、ソーニャ・コワレフスカヤが、ドイツの教授たちの間に見出したと同じ偏見と、闘わなければならなかった。エミール・フィッシャーは、彼女に共に研究することを許したが、それは、彼女が、男性の研究している実験室には決して入らないという約束をさせた後で、やっと許したのである。

リーゼは、第一次大戦中は、オーストリア軍で看護婦として奉仕したので、その間、彼女の研究は中断された。二十年代には、彼女は、ベルリン大学の物理学教授で、数多くの学術的栄誉を受けていた。

彼女は、オーストリア人だったから、一九三八年、ナチスがオーストリアを併合するまでは、ナチ体制からは束縛されなかった。その時になって、非アリアン系追放の嵐は、彼女もまきこんだが、オランダの科学者たちが助け、旅券なしにオランダに入国させてくれた。諸国からの科学者の協力により、彼女は、スエーデン、イギリスと避難し、アメリカに来た。

リーゼ・マイトナーは、ウラニウムの核分裂の実在性を強く確信していた。一九三九年、ストックホルムで、それに関する最初の報告を発表した。彼女が開始した研究が、きっかけになって、ついに原子力がより深く理解されるようになった。彼女は、一九六六年原子力委員からの「フェルミ賞」を授与された。この賞を受けた最初の女性であった。

リーゼ・マイトナーの科学への献身は、エミー・ネター、ソフィー・ジェルマン、キャロライン・ハーシェルたちのものと匹敵した。結婚はせず、自分の生涯と時間を研究に捧げた。一九六八年イギリス、ケンブリッジで、九十歳の誕生日にあと少しというとき死去した。エドナ・クラマーは、その書『数学の主流』（一九五五年　一九三頁）の中で、リーゼ・マイトナーを「コワレフスカヤの現存の第一の後継者」としている。

アメリカへヨーロッパから移住してきたもう一人の応用数学者は、マリア・ゲッペルト・マイヤーである。彼女は、ゲッチンゲンで、物理と数学と化学を学んだ。コワレフスカヤや、ネターや、ジェルマンはすべてこの古い学校と関係深かったのだが、その先輩たちの伝統を追ったのである。マリア・ゲッペルトは、一九三〇年同大学から博士号を受けた。

彼女は、ドイツの、大学教授が六代続いた家系に生まれた。彼女自身は、コロンビア大学、シカゴ大学原子核研究所(そこで原子核物理学に関心をもった)およびサン・ディエゴのカリフォルニア大学の教授を歴任した。

彼女のもっとも世に知られた著書の一つは、『統計力学』で、彼女の夫、ヨセフ・E・マイヤー(アメリカの物理学者)と共著で出版した。彼女は、一九五六年アメリカ科学アカデミーの会員に選ばれ、原子核の殻構造に関する研究で、一九六三年のノーベル物理学賞の共同受賞者となった。(ついでにいうと、アルフレッド・ノーベルの遺言では、この賞を数学者に与えるようにはなっていない。数学者の研究から生じる「人類への偉大な貢献」にもかかわらず)。

シャルロッテ・アンガス・スコットもまたアメリカに移住した業績の多い数学者である(二十世紀に入る前に移住したのであるが)。彼女はケンブリッジ大学のガートンカレッジで教育を受けた。彼女のケンブリッジでの学者としての経歴を通して、人々は、次の事実に注目させられた。すなわち、女性が、トライポス、すなわち、三年で受けるバチェラーをとるための試験を、正式に受けられず、ケンブリッジから学位をとることは、許されていないという事実である。スコットは、ガートンカレッジに数学の住み込み講師として止まり、一方ロンドン大学で勉強して、そこから、一八八五年、科学の博士号を得た。

彼女は、一八八五年末に、アメリカのブリンモア女子大学で、数学の学部と大学院の課程を発足させて以来、四十年間そこで教えた。彼女は教科書『平面解析幾何学の新概念序説』(An Introductory Account of Certain Modern Ideas in Plane Analytical Geometry)を出版した。また彼女は、三十位の論文を書き、数カ国の数学雑誌に発表した。彼女の特別な関心は、代数曲線における特異性の解析に集中した。彼女はまた数学の団体や会合で活動的だった。六十七歳で引退しイギリスに戻った。

「数学者の移住」の期間に、ヨーロッパを去った女性のすべてが、アメリカに来たわけではない。ハンナ・フォン・ケメレル(代数学者)は、一九三八年故郷のドイツを去り、イギリスに渡った。彼女の婚約者ベルンハルト・ノイマン、抽象代数学者は数年前移住していた。ハンナは、アリアン系であったが、婚約者はそうではなかった。そして、ナチスの主義ではこの二人の結婚を許可しなかった。

彼女は数学の自分の専門分野で研究を続け、オックスフォードで、博士号を受けた。(ついでにいうと、彼女も以前ゲッチンゲンで学んだ)。彼女の専門は、群論〔特に自由群〕で、彼女は、また、明快な文を、たくさん書いた人で、分り易い文学的文体において、エミー・ネターと匹敵するものだった。彼女のおびただしい研究論文集は、有限非デザルグ平面のような題目を扱っていて、一般読者の理解できる語句で論じられている。ノイマンは一九七一年末に死去した。彼女を記念して、オーストラリア国立大学で純粋数学の分野で賞を与える計画が進行中である。

イタリア女性学者の伝統が、マリア・パストリのような数学者によって、今も受けつがれているのは、興味深いことである。彼女はマリア・アグネシ学校に学び、その後ミラノ大学の数学研究所の教授となった。彼女の研究はテンソル解析と相対性原理の分野に集中している。アグネシ家と違い、パストリ家は、金持ではなく、マリアの初期の教育は、彼女自身、自発的に苦学して得たものだった。エドナ・クラマー（一九五七年　八六頁）は、彼女を、「イタリアの真の娘、アグネシの二十世紀の弟子」といっている。マリア・パストリの姉は、アグネシのミラノの貧者への奉仕を記念して、ある保育所にアグネシの名をつけさせた責任者である。

アグネシの時代以後二世紀の間に幾何学は、非常に発展をし、特に代数幾何学と微分幾何学において著しかった。古典物理学の理論的処理において重要なテンソル解析は、一般化空間の純粋数学の研究で、今日有用である。マリア・パストリの研究は、この研究に必要な手段を、より効率よくするために役立っている。

マリア・チブラリオもまたイタリアの女性数学者の輝かしい伝統を受けついでいる。彼女はまずモデナ大学で数学解析の教授になり、次にパヴィア大学でも同じ職に就いた。彼女の仕事と研究は、ミクストタイプの二階線型偏微分方程式の類別（これらの存在と一意性の定理の多くを含めて）の達成を助けた。彼女はまた非線型双曲線方程式およびこれらの方程式の系を研究した。また彼女は、二階の双曲線非線型方程式の Goursat《グルサ》 問題の解決で評価されている。解析のこれらの分野における彼女の研究は、この分野での先駆者、ソーニャ・コワレフスカヤよりも、はるかに進んでいる。

二十世紀フランスの数学者の中で、ジャクリン・ルロン・フェロー（パリ大学数学教授）が有名である。彼女はエミリ・デュ・シャトレ夫人の伝統を守り、有名なパリのエコルノルマルシュペリュールの入学試験を受けた最初の女性たちの一人であった。彼女は、パリ大学で純粋数学の正教授まで達した。彼女の仕事は、共形変換と等角写像の性質、リーマン多様化と調和形式、ポテンシャル論などについての研究である。新しい証明法を生み出すために使うプレホロモルフィック関数の概念を創造したといわれる。

代数位相数学の分野で、ポーレット・リベルマン（レンヌ大学教授）は注目すべきだ。第二次世界大戦が、彼女の職歴をまったく中断したが（フランス占領地区のヴィシー法は、解放まで彼女を事実上、研究から締め出した）、この非凡な数学者はチャールズ・エーレスマン学派（research school）の一員となり、微分ファイバー空間、概複素多様体、その一般化について研究を続けた。彼女はエリ・カルタンの愛弟子であり、学生であった。彼は二十世紀の生んだ最大の幾何学者の一人である。彼女はまたオックスフォードで、カルタンの弟子のA・N・ホワイトヘッドに学んだ。

ロシアでは、現代のソフィ・コワレフスカヤというべき名も同じソフィという女性数学者がいる。ソフィ・ピカールは、ペテルブルクで生れ、スモレンスク大学で学んだ。彼女の父はそこの理学部の教授であった。彼女は前のソフィと同じく、学問的・知的な家族に囲まれていて、両親は彼女が、将来、科学者になるように助力した。

ピカード家は、一九二〇年代、革命後のロシアを去りスイスに移住した。そこでソフィは学び、ローザンヌ大学で博士号を得た。彼女の父親が死亡し、その結果おこった経済的事情のため、彼女は保険計理人の職に就かなければならなかった。しかし自由な時間は、勉強と研究に費やした。彼女は結局、立派な研究職に移ることができ、やがてニュシャトル大学で高等幾何学と確率論の教授職を占めるまでになった。現代の統計学と確率論の学生は、群論、関数論、関係理論などの問題を論じるとき、彼女の名前にしばしば出会う。

未来の歴史家は、オルガ・トースキ・トッドのような現代の数学者を取り上げる理由を見つけるだろう。彼女は数論を専攻し、ゲッチンゲンで、ダヴィッド・ヒルベルトと研究した。アメリカに移住したヒルベルト派の他のメンバーと共に、彼女はアメリカの数学を非常に豊かにした。

エンマ・レルメルの『フェルマの最後の定理』の特殊な場合の研究は注目されるであろう。また、ジュリア・ロビンスンのヒルベルトの第十課題への貢献も同様である。エリザベス・スコット、グレイス・ホッパー、ドロシイ・マハラム・ストーンの名は、他の何十人の人々と共に、明日の数学史上に現われるだろう。

現代の数学界の女性をこのようにざっと眺めてみると、過去数十年の間に、女性数学者の地位が男女平等のほうへ改善されたといいたくなる。しかし、そうはなっていない。事実は、その逆の徴候が多い。

国立調査会(National Research Council)による最近の報告はいう(一九六八年　五〇頁)。「多くの数学者は、今は数学の黄金時代であると信じている」。ある意味では、これは真実である。数学者は人類の当面する難問の多くを解決するのに役立っている。女性数学者の多くにとっても、そのことは真実であるかも知れない。しかしたしかに、全員にとって真実であるとはいえない。女性数学者の数は急速に増加している。しかし、数学者の総数に対する割合は減っている、というのは、男性は女性よりはるかに大きな割合で数学教育を受けているからである。教育、職業、収入の点からみても、高い段階に行くにつれて、女性はその割合が少なくなる。すなわち、二十世紀の初頭以来、女性数学者の地位は、改善されるよりもむしろ、つねに改悪されつつあることは、残念ながら事実である。

# 女性の数学敬遠症

『鏡の国のアリス』の物語の中で、ルイス・キャロルは、アリスに向って「赤の女王」に言わせている。「ここでは、同じ場所にいるためには、力の限り走らなければなりません。どこか他の場所へ行きたければ、少なくともその二倍の速さで走らなければなりません」（一一八頁）。キャロル（つまりC・L・ドジソン）は、イギリスの数学者で、空想物語を作る技術を完成させるのに、彼の専門知識を利用した。この会話を二人の女性の間にやりとりさせたのは、まさに彼の才能による。この比喩は、まったく、女性数学者にこそぴったりあてはまるからである。

大抵のどの時代においても、女子教育への、不当な妨害に女性が勝ち抜くには、ある種の超越性と共に情熱的決意が必要である。とくに男性の領域とされる分野においては、そうである。数学で高い水準に達した女性が、こんなにも少ないということより、そのための障害を克服した者がこんなにもいることが、驚異である。私たちは、多くの者が自分の志望を思い止まらされたであろうと、ただ推測するだけである。自分の才能を発見する幸運なチャンスを持てなかった多くのメアリ・サマーヴィルのような娘たち、その天分を開花させてくれる数学の教養ある両親をもたなかった多くのアグネシたち、また、軽佻なサロンの生活のため、完全に堕落させられた多くのシャトレ夫人たちのように。

しかし、多分、より大きな悲劇は、今日においてさえ、過去の数学にしばしばまとわりついていたエリート主義（または男性主義）の伝統が残っていることである。二十世紀に、数学を相当利用する分野において、目ざましく成功した生涯を獲得した多くの女性がいることは、認められるべきである。しかし、「本当に努力する」女性なら、だれでもこれらの女性たちのようになれるというのは、現代の、もっと残酷な、一種の物笑いの種ともいえる。決意が固い者がこんなに多く残ったのは、彼等の才能や環境によると同時に、運と自然の気紛れにもよることが証明されている。はるかに多くの者は、その努力目標から、身を退かされた理由さえ分らないまま、落伍している。

例外的な場合を引き立たせて、私たちは、しばしば教育は平等であるという神話を存続させようとする。そして、女性が数学とかいわゆる「かたい科学」のような科目を学ぶのに失敗した時、機会の不平等のためより、個人個人の意欲とか興味が重要な原因とされる。この不平等を生む女性の成人への社会化過程について私たちは、より深く、同情をもって、理解し始めている（訳註 社会化過程——ある社会に属する個人が、社会的交互作用を通して、その社会に適応し、また、その文化を身につけた成員として、成長あるいはつくり上げられていく過程をいう）。

数学を利用した自然科学の理論化は、何世紀も続いてきた。しかし、第二次大戦以来私たちの文化の他分野での数学を用いた理論化も、促進されてきた。ますます多様化する人間の仕事や研究への数学的手法の浸透は、現在ベティ・フリーダンが、「女性の神秘」(feminine mystique) と呼んだものの発達と大体一致する。これもちょうど同じ頃たいへん発達した。

これら二つの現象は並列しているが、結合して、多くの女性を、知的・経済的活動へ参加するという有意義なことから、締め出した。また女性自身に、また女性に関して、他によい語句がないのだが、「女性の数学敬遠症」(feminine mathtique) ともいえるような劣等感を生み出した。

数学分野では、この「数学敬遠症」のため、女性の素質、業績、意欲に関して、破壊的な普及した神話が永続きすることになった。それは、どんな形式のものにしろ、数学を楽しむことは、何となく女性らしさと衝突するという考えを助長している。女性は数学に向かないという仮定を強化し、促進させる社会化過程を、この「女性の数学敬遠症」は、永続させる。それは、役立たずの計算下手な女、思慮のない主婦、頭のからっぽの夫あさりの女子学生(共学大学の)、直観的(しかし非論理的な)「算数嫌い」の女について、容赦ない冗談やきまり文句を生み出し、それがあたり前のことと思われている(この伝記にとり上げた女性の多くにとって、社会化過程で重要な個人差を作ったのは、知的な、数学の教養ある父親による子供時代からの援助だった)。

「数学敬遠症」は、若い娘の生活の中で、出合う多くの「おろそかにできない目上の人々」の分別臭い偏見の中に示されるばかりでなく、無数の目立たぬ次のような現象の中に示される。すなわち、女性が数学分野で成功した例の少ないこと、不適な教育・助言方法、数学以外のことや生活様式に関心を持つように社会的に強いること、また教科書の例題の中に、女性に関する内容がないような小さなことの中にも示される。教科書でのことはやはり、マイナスの効果があることが示されている（過去十年以上スエーデンとデンマークは、数学教科書の中に男性に関する内容を減らそうとしていることは興味深い）（訳註 たとえば、数学の教科書の問題の挿絵に、男が測量している所はあっても、女は登場しないとか、男性数学者の名前、肖像などだけ描いてあることなどが、今、いくつかの国で問題になっている）。

男性支配の、数学をより厳密に利用する専門分野での、女子学生の能力や業績について、この種の心理的条件づけは、若い女子学生自身に、また女子学生に関して、女子に限界があることを予想させる。アメリカの社会で育つ若い娘が、このような限界があるという考え方で汚染されることから守ることは、まったくむずかしい。このような考え方は、正式の教育課程そのものの中にも、たえず見出されるからである。

その結果は、これだけではない。この態度は、教育課程だけでなく、職業婦人の経済や職業生活にまで影響する。疑いなく、男性数学者と女性数学者との間の給料の差の原因の一部ともなる。一九六九年労働省婦人局の統計によると、女性のフルタイムの民間科学者の年俸の中央値メジアンは、九四〇〇ドル、男性のは一万三千ドルである(National Science Foundation 一九六八年)。

女性の知的資源を無駄使いすることと、女性の潜在能力を非能率的に使うことについては、多くの方面で問題にしている。数学の発達に責任を持つ人々は、潜在能力はあるのに、心理的妨害のために教育を受けない女性たちと、非常に高度に訓練された女性数学者と、双方の損失について懸念している。

応用数学・純粋数学を正式に勉強するに当たって、女性が当面する幾つかの問題点は、国立科学アカデミーにより出版された報告や、「数学研究助成委員会」の報告や、「数学学部の大学院生の教育」についてのパネルの報告で、指摘されている。これらの問題の認識は、また、最近オレゴン州のエディス・グリーンが議長だった教育特別委員会の会合の審理の中でも示された。

グリーン議員の委員会に提出された証拠によると、多くの大学で、公然かどうかは別として、入学生の割り当て制がまだ存在している。ある専門分野で、女子学生の数の割合がいつも低いのは、次のような理由であることが立証された。すべての段階において、女子学生の入学許可基準が、より高くなっていること、奨学資金の貸付け、助手・特別研究員の地位を女性に与えないこと、定時制学生や聴講生から女子を締め出すこと、時間割その他の制度、慣例が、男子の学生や講師に都合がいいようになっていることなどである。また女性が対処しなければならない偏見のもう少し微妙な形の中には、女子学生に伝統的に人気のあるものや、社会的に女性用と認められている低次の専門分野を選ぶように圧力を加えることで、その中でも、最も大きな力をもつのは、他人のおもわくである。

スプートニク騒ぎ以後、数学と自然科学が重視されるようになるにつれ、面白いことにより多くの少女たちが、これらの分野に引きよせられるであろうと予想された。しかし、ポフェンベルガーやノートンの調査結果(一九六三年三四一～三五〇頁)は、そうはならず、その結果生じた専攻科目の変更は、女性より男性のほうに多かったと述べている。

これは教育者だけに責任がある問題でなく、教育者だけでは、解決できない問題である。しかし、もし真の平等を達成しようというイデオロギー的目標を実現しようとするならば、婦人たちおよび関連ある教育者は、論議しなければならない。また、教育のすべての段階で、そのための改革をし、数学分野により多くの女性を引き寄せ、この分野で女性の出合う困難にひそむ心理的動機を、調査し理解して、必要ならば補充教育を行なうことを目的とした具体的計画を決定しなければならない。

統計学、コンピューターが発達した現代社会では、数学の知識がない人は、自然科学の理解を事実上妨げられるばかりでなく、多くの他の専門分野の今日の文献の本質的な部分も理解できなくなる。ゲルバウムとマーチが、その著書の序言で指摘しているように(一九六九年)。

「親または カウンセラーが、数学が性に合わない学生に対し、社会学または行動科学を学ぶよう助言するのは、かつては妥当であったし、今もなおその慣習がある。その助言は、難問への気のきいた答を与えるという長所はあるが、しかし、人を誤って指導する欠点がある。過去二十年間に、数学は、人間の行動の研究者に、欠くことができないものになった」。

この社会学、行動科学への数学の浸透は、例外的のことではない。ほとんどすべての、理論的な学科目は、研究前提、設計方法論、解釈的解析などを、より応用しようとする方向に急速に向っている。それらすべては、より数学的で複雑な技術を必要とする。

その上、新しく出現してきた関連分野では、伝統的数学を利用するだけでなく、ある場合には、数学の特殊部門の創造の契機として役立った。私たちの教育大系の中には、増大した数学の知識への要求が増大しつつある。こういう事情なので、一人一人の女子学生は、必要な専門技能を獲得するという大変な問題を、各自解決する努力をしなければならない。

数学上これほど豊かな遺産を残した女性たちについて適当な情報を整え、また彼女たちの長年の苦闘を少しは理解してもらえるように伝えることで「女性の数学敬遠症」を、少しでもなくそうとすることが、力不足だとは思うが、この本を書いた目的である。彼女たちの努力は、何か目的があったためか、単なる道楽からか、まったく自己の信念から生じたか、いずれにしても、おのおの生活から、自然にわき出てくるようであった。現代の数学は、彼女たちとその業績がなければ、そうとう貧弱であったろう。

バートランド・ラッセルは、その自伝の中で、「数を流転させ続けるピタゴラスの力を理解しよう」という願いを、彼の生涯の三つの主な情熱の一つとして、あげている。ラッセル卿は、幸せにも、諸条件に恵まれて、この一生の仕事を情熱的に追求することができた。しかしもしも性の一因子でも変化していたなら、この情熱と、その究極の成果の多くは、世に出なかったであろうと、推測せずにはいられない。

# 訳者あとがきにかえて——外国の女性科学者——

## 欧米の女性科学者の歩み

最近は、外国の女性科学者についての記事が、新聞や雑誌に時々のる。しかし、むかしから歴史的にどういう風に女性科学者が育ってきたかということは、あまり知られていない。わずかな資料しかみていないないし充分な調査はまだできないが、大体の傾向、おもしろい例を挙げておく。

現在の日本では、多くの人々は外国の女性科学者として、キュリー夫人や、ソーニャ・コワレフスカヤくらいしか知らない。むかしから、もっと大勢の女性が、科学を好み、研究した人がいることをみなが知ることは、女子教育の上でも必要だと思う。

科学を外から移入した日本と違い、科学が育った国々では、近代科学が生まれる以前から、広い意味の科学者はいたし、科学の古典もあった。その中で育った女性の中で、科学に関心をもつ人が現われたのは当然だった。環境が悪い中で優れた科学者も生まれた。

### 一、科学者の妻や娘や姉妹

まず、科学者の家族で、研究・観察を助けた女性がむかしからいた。その中から独自の研究をするようになった女性が育った。

ピタゴラスの妻 Theano は、夫の死後も夫の残した学校をつづけたという。五世紀初期のアレクサンドリアの有名な女性科学者 Hypatia は、数学・天文学の教授の娘であった。多くの学者が彼女の家に集まり、各国から学生が彼女に学ぶためにきたという（チャールズ・キングズリーの小説 "Hypatia" がある）。

望遠鏡で観測をつづけた天文学者の家族に協力者が多い。天体観測のときは、時間を計ったり、記録したりする助手が必要で、それを身近な家族が手伝った。

初期ルネサンスの天文学者レギオモンタヌスの妻、十六世紀のティコ・ブラーエの妹、ソフィアもその例である。

ただ観測を手伝うだけでなく、根気強く計算したり、星表を作ったり、自分で彗星などを発見した女性も多い。

一番有名なのは、ウイリアム・ハーシェルの妹 Caroline（一七五〇〜一八四八）である。はじめは音楽教師や教会のオルガン弾きをしていた兄を手伝い、教会で歌ったり、生徒を教えたりした。これだけでも忙しかったのに、天文に夢中になった兄のために、観測を手伝ったり、望遠鏡を作るレンズ磨きまでした。十六時間レンズから手を離さなかった兄の口に、食物を少しずつ入れてやることさえあった。恒星目録や観測表を作ったり、借りてきた論文を写すこともあった。反射鏡を鋳造する鋳型のために、馬糞をモルタルに入れて、つきくだく作業もしたと記されている。

一八七二年、ウイリアムが王室天文学者になり、年に二百ポンド支払われるようになり、音楽の仕事はやめた。妹も後に兄の助手として五十ポンドもらえるようになった。兄が留守のときだけ自分で観測した。彼女自身八個の彗星を発見している。一八三五年、八十五歳のとき、王立天文学会名誉会員に選ばれた。

天文好きの父に育てられ、後に父をこえて、本当の天文学者になったアメリカの女性がいた。Miss Maria Mitchel（一八一八〜一八八九）は、教師をしていた父を手伝い、一八三一年、十三歳の時に、はじめて日食観測を行なった。それ以来、天文に関心を持ち、大人になり、教師や図書館員の仕事をしながら、ラプラスの『天体力学』やガウスの著書などを読み、観測もつづけた。一八四七年十月一日に彗星を発見した。デンマーク王は、一八三一年に、望遠鏡で最初に彗星を発見した人には、メダルを与えると公表していた。彼女はこの発見でメダルを得た。

この彗星は、同じ十月七日に、イギリスで、十一日にハンブルグで発見された。大西洋の海底電線がまだなかった時代で、一年後までだれがメダルを手に入れるか決められなかった。

このメダル受賞で彼女は有名になり、アメリカの Coast Survey（沿岸測量局）に雇われた。一八六五年女子の高等教育のため Vassar 大学が創立されたとき、彼女は迎えられ、天文学を教え、大学付属の天文台長になった。

木星や土星、それらの衛星の観測について論文を書いたが、彼女の功績は、まず、その大学で天文学を盛んにして、女性天文学者を育てたことである。七十歳で死ぬまで大学にいた。アメリカでは、その後、天文学を研究する女性が割合多く出た。

化学分野で有名なのは、まず、ラヴォアジェの妻であった。彼女は夫に献身し、夫の才能を評価して、自分を夫の仕事のために役立たせようとした。ラテン語と英語を学び、習熟し、夫に必要な化学の論文を訳した。熱心に実験を手伝い、結果を記録した。夫と助手が実験しているあいだに、机に向って坐わり、ノートをとっている絵が二つ残っている。絵が上手でラヴォアジェの"Traité de Chimie"(化学要論)の挿絵をかいた。ギロチンによる夫の悲劇的な死後も、彼の論文"Memoris on Chemistry"(化学覚書)を編集した。

その後も彼女のサロンには、優れた科学者(キュヴィエ、ラプラス、アラゴ、ラグランジュ、ベルトロ、ダランベール、フンボルトなど)が集まった。

キュリー夫人は、ここで述べる必要はないほど有名だが、この夫妻はそれぞれ独立した研究者であった。

探検家の父や夫についていき、父の夫の死後も危険な土地で調査をつづけた女性がいる。めずらしい動植物の採集、観察や体験をまとめた旅行記などで、学問的にも貴重な仕事をした人々がある。

Miss Marry Henrietta Kingsley(一八六二〜一九〇〇)は、チャールズ・キングズリーの姪で、早死にした父(G. H. Kingsley 1827〜1892)の西アフリカについての研究を継ぎ、調査し、『西アフリカの旅』『西アフリカ研究』などの本を出した。

Madam Condreau は、作家で探検家の夫とともに、仏領ギアナ（一八九四年）にいき、翌年ブラジル Parà で調査し（一八九五〜一八九九）六冊の本を写真、地図つきで出した。アマゾン探検中に、父が死んだあともつづけた。

考古学者の発掘や研究に協力した女性もいる。シュリーマンの妻 Sophia Schlimann が、夫とともに発掘に参加し、指導したのは有名である。

イタリアの Donna Ersilia Caetani Bovatelli は、考古学好きな父の下で育てられ、一人前の考古学者になった。キュリー夫人が、女性であるために科学アカデミーに入れられなかったが、同じ時期に、彼女はイタリアの学会（リンチェイ・アカデミー）に入り、考古学部の部長に選ばれたり、大事な会で議長をしていた。

女性への愛情から生み出された芸術（文学、音楽、詩、絵画など）は多い。科学でも少し似たかたちで、女性（妻、愛人、弟子など）に刺激され、励まされて研究した例もある。多くの科学的研究は、一時の情熱の力でできるものではない。だからなお、身近に励ましたり、雑事を助けてくれたりする人がいることは、助けになった。有名になるのは男性だが、それを支える多くの女性の力があった場合も多い。

十七歳のときにめくらになった Francois Huber の妻 Marie Aimée は、夫の目の代りをして研究を行なった。ミツバチの研究をしたが、夫が実験を考案し、妻はその実験を実施し、記録した。

夫が研究に専心できるように、パストゥール夫人が心をくばったことは、よく知られている。

## 二、科学書の翻訳をした女性

むかしから、教養として、上流家庭の女性は語学を学んでいたし、優れた人も多かった。その中で、科学もよく理解した人が、外国の最新の科学書を翻訳し、啓蒙の役割を果し有名になった例がある。翻訳はただことばを移し変えればよいのでなく、内容を十分につかんでいる必要があり、解説、自分の意見も入れて紹介した例もある。

ニュートンの『プリンキピア』を訳したフランスの Mme du Châtelet（一七〇九〜一七四九）は、ヴォルテールの愛人で、ふつうの貴族の夫人たちからは、非難を受けるような生活をしていた。しかし、数学・物理・天文に詳しく、実験的研究も行なった。

イギリスの Mrs. Sommerville は、ラプラスの『天体力学』を訳し王立天文学会の名誉会員に選ばれた。十五歳のとき、ファッション雑誌をみていたら、数学の問題が出ていて、$x$、$y$など使ってあった。何だろうと疑問を持って以来、数学に夢中になった。代数やユークリッド幾何の本を手に入れ、独学した。両親は、女の子が数学に夢中になることに反対したが、おじが理解してくれた。Mrs. Sommerville の娘の記録によると、「母は、研究関係の仕事のほか、幼い私たち姉妹に一日三時間教え、その他、家事をし、新しい本、新聞などもよく読み、人との交際も多かった」という。ダーウィンの『種の起原』は、一八三〇年生まれのフランスの Madam Rayer

が訳した。『種の起原』について当時批判が強かった。彼女はそれに負けずに、かえって『人間と社会の起原』（一八七二年）を出し、ヘッケルなどとともに、進化論を擁護した。

## 三、医学関係の女性の歩み

古代から病人の看護は、母や妻など女の手によることが多く、経験をつんだ老女は、部落の医者代りをすることがあった。出産の手助けはもちろんのこと、傷の手当、薬草の知識は女性が伝えてきた。

ギリシャ・ローマ時代になると、女医の記録が残っている。中世紀には封建領主の妻や、教会の僧、尼僧が人々の健康、医療の責任をとることになった。教会付属の学校では、女の子に看護法や治療の基礎を教えた。中世紀の絵でも、戦場の看護役によく女性が当っている。

教会や修道院付属の病院は、狭く粗末でも、暖い看護がされた。とくに修道院は、空気、水がきれいで、日当りもよい場所が多かった。衛生的で規律正しい生活で、患者の治る率が高かった。そういう中で、St. Hildegard のような人が生まれた。

彼女はベネディクト派の修道女で、広い知識にもとづいて、病人を治した。ギリシャ・ローマや、アラビアの古典のほか、自分の観察によるものや、民間の伝承によった自然の知識を集めた本“Physica”（自然学　四巻　一一五〇年）を残した。十六世紀には印刷された。医学、薬草のことが詳しく、ドイツのふつうの人々が用いた動植物名が記してあり、言語学にも役立つ本である。彼女がどうしてこんな知識を得たか、ふしぎがられている。

これらの、いわばしろうとの、学校で学んだのではない医者のほか、学校で学び、資格を得た医者もむかしからいた。

ヨーロッパの最初の大学といわれるサレルノ大学は、医学が盛んで、十一〜十三世紀には、注目すべき医者を多数だした。ここでは女性も学ぶことができた。

この大学は、アラビア・ギリシャの伝統をつぐもので、古典を重んじ、いわゆる近代医学とは違うが、学習年限も長かった。哲学・文学などの一般コースを三年間学び、その上に医科のコースが五年あった。その他解剖や外科は、もう一年学ばなければならなかった。どの科でも、実習期間が一年必要だった。

イタリアでは女医の記録が多く残っている。十一世紀の Trotula は、婦人科の本を書き（多くのヨーロッパの図書館に現存）、治療の他、学生も教えた。

フランスでは、一二二〇年に、医学校を卒業した人、しかも男の独身者だけが医者になれるというきまりができた。しかしそれは死文になっていた。

一二九二年以前には、パリに少なくとも八人の女医がいたといわれる。しかしパリではサレルノよりも条件が悪かった。女が入れる学校がなく、書物や医者から学ぶか、実地に働いて、経験から学ぶことよりほかに方法がなかった。

当時、貴族出身の女性 Jacola Felicie が、治療に成功し有名になった。しかし死文になっていた法律により、女は医者をしてはならないと、裁判にかけられた。彼女は利益のために治療したのではなく、ほとんどすべての場合、他の医者にみはなされた病人を治療したことが裁判で明らかになった。彼女の患者であったすべての証人は、感謝していた。しかし彼女は罰せられた。医者たちは自分の特権を守りたがった。

医者の資格制度が整うにつれ、女子が医者になるのが困難になった。まず必要条件である大学に入れない。欧米でも、日本の初期の女医（荻野吟子など）のように、最初の資格をとった人々は苦労した。

パリの医科大学で女子を入れるようになったのが、一八六八年（明治維新の年）で、インターンとしてパリの病院に入れるようになったのは二十年後である。イギリス、ドイツでも遅かった。イギリスの Miss Sophia Tex-Blake（一八四〇〜一九一二）は、医者を志望し、まずロンドン大学は自由で寛大な方針だときいて、入学を申込んだが断わられた。

つぎに常に自由を誇るエジンバラ大学に申込み、他の六人の女性とともに入学を許された。しばらくは静かだったが、ある日、大学の門を入ろうとすると、学生たちが騒いだ。悪口をいったり、泥を投げつけた。アイルランドの学生たちが、ボディーガードになって防いでくれた。

大学当局は、ついに彼女たちに医師の資格を与えることをこばんだ。男の医者の独占を守ろうとした。資格をくれないので、女性たちは、裁判にかけたが負けてしまった。それで、次には議会に訴えた。一八七八年、十年近くの闘争の後にやっと勝ち、資格を得ることができた。彼女はそれより以前、一八七四年に、ロンドン女子医科大学を創立した。資格を得てからエジンバラ（一八七八〜一八九九年）で開業し、ここでも女子医科大学を一八八六年に創立している。

アメリカで大学卒の資格がある女医一号は、ヨーロッパよりも早かった。Elizabeth Blackwell（一八二一〜一九一〇）は、医者になりたいと思い、一ダース以上の学校に、入学を申し込んだところ、ニューヨークの Geneva 大学に入ることができた。実は、大学当局は断るつもりだったが、一応学生たちに相談した。学生たちも反対するだろうという予想に反し、かれらは、入れるべきだというので、しぶしぶながら許可しなければならなかった。

学生たちは、「わが国では、両性の教育は平等で、科学のどの部門も女性に公平に開かれるべきだ。入学しても後悔させないように、われわれもあなたによい態度をとりたい。歓迎する」という主旨の手紙を彼女に送った。

たしかに学生たちは紳士的だった。しかし Geneva の婦人たちは、女が医学を学ぶことにショックを受けた。彼女が首席で一八四九年に卒業したときは、ヨーロッパでも評判になった。新聞論調もわるくなかった。

「小説と編み物ですごし、遊び、歌い、おどりに夢中になっている世界中の（特にイギリスの）若い婦人たち」と比較した賞讃の詩が Punch に出た。

彼女は卒業後しばらくヨーロッパで過ごし、後にニューヨークで開業した。初めは大変苦労した。一八五四年に貧しい女子のための無料診療所を開き、二年後に婦人と子どものための病院をたて、そこに若い女医を迎えた。ここは後に立派な病院と女子医科大学になった。彼女はまた卒業後十年たたないうちに、ニューヨーク以外の他の都市にも病院をたてた。

彼女が医者になる道を開拓して以来、だんだん女子を入学させる医学部がふえ、ボストン、ニューヨーク、フィラデルフィアには、女子の医科大学ができた。

欧米でもこんなに苦労して医者を志望した女性の動機は、日本の場合と似ている。とくに婦人科関係の病気には、女医のほうが見せやすく、どうしても必要だというようなヒューマニスティックな動機が多い。むかしから出産の時は女性がみた伝統もあり、女医は、婦人科、産科の分野を選ぶ人が多く、研究や著書もこの方面で多かった。

**四、その他の人々**

いろいろなタイプの女性科学者がいたが、以上の部分に入らない人々を何人か紹介しておきたい。

Maria Gaetana Agnesi は、一七一八年に生まれ、数学に優れ、ボローニャ大学の教授になった。ボローニャもサレルノと同じ有名な大学であり、当時としては女子の教育も盛んだった。彼女は後に家の一部を病院にして、貧しい人、病人のために提供し、生涯の最後の十五年間は、八十一歳で死ぬまで、老人ホームの老人をみて過ごした。

Catarina Bassi は一七一一年生まれで、ボローニャ出身で、哲学、自然哲学に優れ、ボローニャ大学で教える資格を得る公の試験の時の情景の記録が残っている。最初の講義には、町の知的エリートや、外国（ギリシャ、ドイツ、ポーランド）からの学生も集まった。いっぽう十二人の子の母親で、家事もよくやり、宗教的で、貧しい人や病人の友であった。

アカデミックな研究というよりも、学問の成果を社会生活へ適用するほうに関心をもった人々もいる。

Baroness du Beausleil は、フランスの鉱物資源を研究し、当時の鉱山にはつきものだった呪術的ないい伝えや、迷信深い考え方に反対し、鉱山業の重要性を説いたあくまでも科学に基づく本を著わした。

Eleanor Ormerod（一八二八〜一九〇一）は、子どものときから虫好きで、とくに害虫、益虫に関心を持った。一八七七〜九八年の間、害虫についての情報をもりこんだ年報を出した。英国内各地やその植民地から連絡をうけて集めたものを分析して、各地に報告した。その他、害虫についての手引きやテキストを出し、害虫による損害をみつもることも行なった。一八八二〜九二年の間、イギリスの王立農業学会の相談役をし、後には世界各国、ノルウェー、アルゼンチン、インド、南アフリカなどの人々とも連絡するようになった。『害虫観察ノート』（一八七七年）『農業昆虫学』（一八九二年）の著書がある。

アメリカでは、化学を学び、栄養学を普及した人がいる。Miss Ellen Swallow（後に Mrs. Ellen H. Richards）は、Vassar 大学を卒業し、MITを志望（一八七一年）した。正式の学生ではなく選科生として許可された。自分の得た知識を人々の日常生活の衛生や栄養などの健康管理の問題に応用しようとした。

保健には、きれいな水・空気、日光が大切なことを強調した。マサチューセッツ州の水の衛生検査をしたり、学校や工場や家庭の台所の衛生状態の改善に努力し、不良食品との闘争の最初のリーダーであった。

発明家は女には少ないといわれるが、アメリカでは一八〇九年はじめて特許をとった女性が現われて以来、年々ふえ、一八六〇年頃までは年平均一件くらいだったのが、一八六一〜一八七一年には、年平均四十四件になり、一八七一〜一八九五年頃には年平均三百〜四百で、一八九五〜一九一〇年は年平均六五〇件近くになっている。初めは編み物や日常生活に関係したものが多かったが、だんだん工業生産に関係するものがふえてきた。

以上は、『津田塾大学研究紀要　第四号一九七二年』に掲載した「外国の女性科学者と女子学生」(Women Scientists and Students in Foreign Countries) の中の第一次大戦頃までの女性科学者の歩みの部分を抜粋したものである。

(吉村証子)

---

歴史にも数学にも、しろうとの私たちが、この本を訳すことは、無謀なことでした。不充分な点が多いと思います。ただ、主婦であり母親である私たち姉妹にとって、作者や主人公の考え方、生き方がよく分り、共鳴する点も多く、多くの方々に読んでいただきたいと思いました。科学に進む女性が、これからますますふえることは、日本の科学の健全な発展のためにも必要なことで、そのために、少しでも役立てば、幸いです。

一部分重なりましたが、他分野の女性科学者についても、一緒に知っていただければと思い、以前、吉村がまとめたものも、「あとがき」につけ加えておきました。

この本を訳すように勧めて下さった中村桂子氏、なかなかできず、御迷惑をかけた出版部の編集の五所英男氏に、深く感謝いたします。

吉村証子
牛島道子

# 新版へのあとがき

女性数学者の生涯と業績は、この本の原著者も言われる通り、誠に興味深く、しかし余りにも世に知られておりません。ぜひもっと広く、特に若い女性に読んで頂けたらと願っておりました。本書は一九七七年文化放送出版部から刊行されましたが、このたび法政大学出版局から再刊されることとなり、こんな喜びはございません。

ただ残念なのは、妹の吉村証子がもうこの世におらず、この喜びを共に分てぬことです。元来、この本の翻訳を実現しようとしたのは、証子であり、私はその手伝いでした。証子はこの本の初版の出た一九七七年の少しあとから健康を害し一九七九年世を去りました。

終りに、色々とお手数をおかけしました法政大学出版局の皆様に心から御礼申上げます。

一九八七年五月

牛島道子

りぶらりあ選書
数学史のなかの女性たち
発行　1987年7月25日　初版第1刷
　　　2000年7月10日　新装版第1刷
著者　リン・M. オーセン
訳者　吉村証子／牛島道子
発行所　財団法人　法政大学出版局
〒102-0073　東京都千代田区九段北3-2-7
電話03(5214)5540／振替00160-6-95814
製版，印刷　三和印刷
鈴木製本所


ISBN4-588-02205-9
Printed in Japan

著者紹介

リン・M. オーセン

カリフォルニア大学卒業. 心理学, 数学を専攻, 同大学講師を勤める.「女性研究」の講座を担当. 北欧, ソ連, 極東などを旅行し婦人問題に関する調査・研究を行なった. 日本にも来訪, 一時居住したこともある (日本版への序参照).

訳者紹介

吉村証子 (よしむら あかしこ)

1951年東京大学理学部地球物理学科卒業. 津田塾大学講師, 科学史学会会員. 著書に『近代日本女性史 4 ・科学』(共著, 鹿島出版会) など. 1979年没. 1981年子どもの科学読物の向上をねがって, 吉村証子記念「日本科学読物賞」が創設された.

牛島道子 (うしじま みちこ)

1932年日本女子大学英文科卒業.

## りぶらりあ選書

| | | |
|---|---|---|
| スミス，マルクスおよび現代 | R.L.ミーク／時永淑訳 | ¥3500 |
| 愛と真実〈現象学的精神療法への道〉 | P.ローマス／鈴木二郎訳 | ¥1600 |
| 弁証法的唯物論と医学 | ゲ・ツァレゴロドツェフ／木下，仲本訳 | ¥3800 |
| イラン〈独裁と経済発展〉 | F.ハリデー／岩永，菊地，伏見訳 | ¥2800 |
| 競争と集中〈経済・環境・科学〉 | T.プラーガー／島田稔夫訳 | ¥2500 |
| 抽象芸術と不条理文学 | L.コフラー／石井扶桑雄訳 | ¥2400 |
| プルードンの社会学 | P.アンサール／斉藤悦則訳 | ¥2500 |
| ウィトゲンシュタイン | A.ケニー／野本和幸訳 | ¥3200 |
| ヘーゲルとプロイセン国家 | R.ホッチェヴァール／寿福真美訳 | ¥2500 |
| 労働の社会心理 | M.アージル／白水，奥山訳 | ¥1900 |
| マルクスのマルクス主義 | J.ルイス／玉井，渡辺，堀場訳 | ¥2900 |
| 人間の復権をもとめて | M.デュフレンヌ／山縣熙訳 | ¥2800 |
| 映画の言語 | R.ホイッタカー／池田，横川訳 | ¥1600 |
| 食料獲得の技術誌 | W.H.オズワルド／加藤，禿訳 | ¥2500 |
| モーツァルトとフリーメーソン | K.トムソン／湯川，田口訳 | ¥3000 |
| 音楽と中産階級〈演奏会の社会史〉 | W.ウェーバー／城戸朋子訳 | ¥3300 |
| 書物の哲学 | P.クローデル／三嶋睦子訳 | ¥1600 |
| ベルリンのヘーゲル | J.ドント／花田圭介監訳，杉山吉弘訳 | ¥2900 |
| 福祉国家への歩み | M.ブルース／秋田成就訳 | ¥4800 |
| ロボット症人間 | L.ヤブロンスキー／北川，樋口訳 | ¥1800 |
| 合理的思考のすすめ | P.T.ギーチ／西勝忠男訳 | ¥2000 |
| カフカ=コロキウム | C.ダヴィッド編／円子修平，他訳 | ¥2500 |
| 図形と文化 | D.ペドウ／磯田浩訳 | ¥2800 |
| 映画と現実 | R.アーメス／瓜生忠夫，他訳／清水晶監修 | ¥3000 |
| 資本論と現代資本主義（I・II） | A.カトラー，他／岡崎，塩谷，時永訳 | I 品切<br>II ¥3500 |
| 資本論体系成立史 | W.シュヴァルツ／時永，大山訳 | ¥4500 |
| ソ連の本質〈全体主義的複合体と新たな帝国〉 | E.モラン／田中正人訳 | ¥2400 |
| ブレヒトの思い出 | ベンヤミン他／中村，神崎，越部，大島訳 | ¥2800 |
| ジラールと悪の問題 | ドゥギー，デュピュイ編／古田，秋枝，小池訳 | ¥3800 |
| ジェノサイド〈20世紀におけるその現実〉 | L.クーパー／高尾利数訳 | ¥2900 |
| シングル・レンズ〈単式顕微鏡の歴史〉 | B.J.フォード／伊藤智夫訳 | ¥2400 |
| 希望の心理学〈そのパラドキシカルアプローチ〉 | P.ワツラウィック／長谷川啓三訳 | ¥1600 |
| フロイト | R.ジャカール／福本修訳 | ¥1400 |
| 社会学思想の系譜 | J.H.アブラハム／安江，小林，樋口訳 | ¥2000 |
| 生物学における ランダムウォーク | H.C.バーグ／寺本，佐藤訳 | ¥1600 |
| フランス文学とスポーツ〈1870～1970〉 | P.シャールトン／三好郁朗訳 | ¥2800 |
| アイロニーの効用〈『資本論』の文学的構造〉 | R.P.ウルフ／竹田茂夫訳 | ¥1600 |
| 社会の労働者階級の状態 | J.バートン／真実一男訳 | ¥2000 |
| 資本論を理解する〈マルクスの経済理論〉 | D.K.フォーリー／竹田，原訳 | ¥2800 |
| 買い物の社会史 | M.ハリスン／工藤政司訳 | ¥2000 |
| 中世社会の構造 | C.ブルック／松田隆美訳 | ¥1800 |
| ジャズ〈熱い混血の音楽〉 | W.サージェント／湯川新訳 | ¥2800 |
| 地球の誕生 | D.E.フィッシャー／中島竜三訳 | ¥2900 |
| トプカプ宮殿の光と影 | N.M.ペンザー／岩永博訳 | ¥3800 |
| テレビ視聴の構造〈多メディア時代の「受け手」像〉 | P.バーワイズ他／田中，伊藤，小林訳 | ¥3300 |
| 夫婦関係の精神分析 | J.ヴィリィ／中野，奥村訳 | ¥3300 |
| 夫婦関係の治療 | J.ヴィリィ／奥村満佐子訳 | ¥4000 |
| ラディカル・ユートピア〈価値をめぐる議論の思想と方法〉 | A.ヘラー／小箕俊介訳 | ¥2400 |

## りぶらりあ選書

| | | |
|---|---|---|
| 十九世紀パリの売春 | パラン=デュシャトレ／A.コルバン編 小杉隆芳訳 | ¥2500 |
| スレイマン大帝とその時代 | A.クロー／濱田正美訳 | ¥4300 |
| 変化の原理〈問題の形成と解決〉 | P.ワツラウィック他／長谷川啓三訳 | ¥2200 |
| デザイン論〈ミッシャ・ブラックの世界〉 | A.ブレイク編／中山修一訳 | ¥2900 |
| 時間の文化史〈時間と空間の文化／上巻〉 | S.カーン／浅野敏夫訳 | ¥2300 |
| 空間の文化史〈時間と空間の文化／下巻〉 | S.カーン／浅野,久郷訳 | ¥3400 |
| 小独裁者たち〈両大戦間期の東欧における民主主義体制の崩壊〉 | A.ポロンスキ／羽場久浘子監訳 | ¥2900 |
| 狼狽する資本主義 | A.コッタ／斉藤日出治訳 | ¥1400 |
| バベルの塔〈ドイツ民主共和国の思い出〉 | H.マイヤー／宇京早苗訳 | ¥2700 |
| 音楽祭の社会史〈ザルツブルク・フェスティヴァル〉 | S.ギャラップ／城戸朋子,小木曾俊夫訳 | ¥3800 |
| 時間 その性質 | G.J.ウィットロウ／柳瀬睦男,熊倉功二訳 | ¥1900 |
| 差異の文化のために | L.イリガライ／浜名優美訳 | ¥1600 |
| よいは悪い | P.ワツラウィック／佐藤愛監修,小岡礼子訳 | ¥1600 |
| チャーチル | R.ペイン／佐藤亮一訳 | ¥2900 |
| シュミットとシュトラウス | H.マイアー／栗原,滝口訳 | ¥2000 |
| 結社の時代〈19世紀アメリカの秘密儀礼〉 | M.C.カーンズ／野崎嘉信訳 | ¥3800 |
| 数奇なる奴隷の半生 | F.ダグラス／岡田誠一訳 | ¥1900 |
| チャーティストたちの肖像 | G.D.H.コール／古賀,岡本,増島訳 | ¥5800 |
| カンザス・シティ・ジャズ〈ビバップの由来〉 | R.ラッセル／湯川新訳 | ¥4700 |
| 台所の文化史 | M.ハリスン／小林祐子訳 | ¥2900 |
| コペルニクスも変えなかったこと | H.ラボリ／川中子,並木訳 | ¥2000 |
| 祖父チャーチルと私〈若き冒険の日々〉 | W.S.チャーチル／佐藤佐智子訳 | ¥3800 |
| エロスと精気《エネルギー》〈性愛術指南〉 | J.N.パウエル／浅野敏夫訳 | ¥1900 |
| 有閑階級の女性たち | B.G.スミス／井上,飯泉訳 | ¥3500 |
| 秘境アラビア探検史（上・下） | R.H.キールナン／岩永博訳 | 上¥2800 下¥2900 |
| 動物への配慮 | J.ターナー／斎藤九一訳 | ¥2900 |
| 年齢意識の社会学 | H.P.チュダコフ／工藤,藤田訳 | ¥3400 |
| 観光のまなざし | J.アーリ／加太宏邦訳 | ¥3200 |
| 同性愛の百年間〈ギリシア的愛について〉 | D.M.ハルプリン／石塚浩司訳 | ¥3800 |
| 古代エジプトの遊びとスポーツ | W.デッカー／津山拓也訳 | ¥2700 |
| エイジズム〈優遇と偏見・差別〉 | E.B.パルモア／奥山,秋葉,片多,松村訳 | ¥3200 |
| 人生の意味〈価値の創造〉 | I.シンガー／工藤政司訳 | ¥1700 |
| 愛の知恵 | A.フィンケルクロート／磯本,中嶋訳 | ¥1800 |
| 魔女・産婆・看護婦 | B.エーレンライク,他／長瀬久子訳 | ¥2200 |
| 子どもの描画心理学 | G.V.トーマス,A.M.J.シルク／中川作一監訳 | ¥2400 |
| 中国との再会〈1954—1994年の経験〉 | H.マイヤー／青木隆嘉訳 | ¥1500 |
| 初期のジャズ〈その根源と音楽的発展〉 | G.シューラー／湯川新訳 | ¥5800 |
| 歴史を変えた病 | F.F.カートライト／倉俣,小林訳 | ¥2900 |
| オリエント漂泊〈ヘスター・スタノップの生涯〉 | J.ハズリップ／田隅恒生訳 | ¥3800 |
| 明治日本とイギリス | O.チェックランド／杉山・玉置訳 | ¥4300 |
| 母の刻印〈イオカステーの子供たち〉 | C.オリヴィエ／大谷尚文訳 | ¥2700 |
| ホモセクシュアルとは | L.ベルサーニ／船倉正憲訳 | ¥2300 |
| 自己意識とイロニー | M.ヴァルザー／洲崎惠三訳 | ¥2800 |
| アルコール中毒の歴史 | J.-C.スールニア／本多文彦監訳 | ¥3800 |
| 音楽と病 | J.オシエー／菅野弘久訳 | ¥3400 |
| 中世のカリスマたち | N.F.キャンター／藤田永祐訳 | ¥2900 |
| 幻想の起源 | J.ラプランシュ,J.-B.ポンタリス／福本修訳 | ¥1300 |
| 人種差別 | A.メンミ／菊地,白井訳 | ¥2300 |